中国
古代服饰
图史

胡越 著

上海人民美术出版社

U0150666

前　言

"夫画者，成教化，助人伦，穷神变，测幽微，与六籍同功，四时并运。"这是唐张彦远在《历代名画记》开篇对画之源流所作出的经典论述，阐明了中国古人对于图像的朴素理解及其无上地位，并以为"记传所以叙其事，不能载其容，赞颂有以咏其美，不能备其像，图画之制，所以兼之也"，可见图像的功能既能载容，又得咏美，是故，"存形莫善于画"。

这种原始而纯真的图画寄托，无疑不同于今人对于图像的符号学意义的体会或新闻学概念的见证，它们更具有某种神圣感和未知力。当上古的原始人在岩石或陶器中绘以某些人物形象的时候，它们必然地成为了某种神力的化身，某些圣人的替代，某一传说的现世，直可令众人顶礼膜拜，仪式祷告。至魏晋时期，曹植论图画有言曰，"观画者见三皇五帝，莫不仰戴；见三季异主，莫不悲惋；见篡臣贼嗣，莫不切齿；见高洁妙士，莫不忘食；见忠臣死难，莫不抗节；见放臣逐子，莫不叹息；见淫夫妒妇，莫不侧目；见令妃顺后，莫不嘉贵。"足可见图像又是存乎鉴戒之道的载体，乃"有国之鸿宝，理论之纪纲"！

那么，除了图旁的寥寥注文而外，且多无文字，观画者又何以辨认图中所绘何人呢？通过图像中的人物服饰！所以，古代的画家工匠在描摹刻画人物服饰的时候，必是谨小慎微，引经据典，粉本作底，恐有差池。上自至三皇五帝，下至贩夫走卒，无不格物致知，应物象形。此可谓服饰之于图像的说明意义。

反之，服饰或可视作中国古代文明中最为重要的具象的"形"，对于中国古代服饰面貌的探究，最根本的途径之一就是图像。尤其在远古时期，实物无法留存的织品衣裳，需要图像的帮助方能再现。更何况，服饰的形制及穿法，是一种状态，一种组合方式，即便有物为证，也仍有赖于图像的参考方可复原。此亦是图像之于服饰的可鉴。

再者，中国的古代服饰不仅具有御寒保暖、装饰仪容、象征地位等功用，更为统治者理解为"衣裳垂，天下治"的政治纲常，成为周王朝及其后诸代首要重视的治国方略，居于"衣食住行"之首。这一点，又与图像有着异曲同工的社会政治功能和价值。由此，以图像为主要线索，以呈现中国古代源远流长的服饰文明为主要宗旨来撰写一书的想法，逐渐在笔者的脑海中成形，并在长时间的摸索和探求中，点点滴滴，汇聚成著。

而在整理研究和撰文注图的过程中，笔者也更加深入地体会到中国古代服饰文化与图像表达之间密不可分的互为依存关系，理解到原始生态、政治变迁、文化交融、民族交错、技术工艺等多方面因素对于两者的共同影响，以及审美观念、哲学思想、宗教信仰等在两者身上的同质体现。相信广大读者对此亦会获得同样的感受。

本书所述之图像，并不仅限于岩画、壁画、帛画、卷轴画等平面介质上的图，还包括陶器、线刻、浮雕、塑像等立体介质上的像，以及印制与摄影等的其他媒介。旨在通过各种图像资料，从多个侧面勾勒中国古代服饰精彩绝伦的面貌。同时也从服饰图像的角度，梳理了各个不同历史时期，绘画与雕刻等艺术的发展状况及其与人物服饰的关系，以期作为另一个分支呈现给读者。

而在对图像的选择方面，笔者采用了相当谨慎的态度，考究其中服饰是否与成画时期的服饰相符，尤其是那些晋唐五代时期的古代画作，几乎失传，今所见者，多为后世摹本，或据前世粉本所创，因此还需要参阅大量古代文献和画论著录方可加以辨析。另对历代名家画作的准确读解，亦须借鉴诸画学史家之言，以斟酌考定。再者，当今学界的相关论著和研究成果，也是本书的重要参照依据。

如今的时代，还是一个读图的时代，生活的负荷与信息的超载，以及阅读的习惯等因素让现代人日益选择图像这种介质来了解事实的真相。以图为证，无疑也具有更强大的说服力。因而，本书遴选了两百余件中国古代与服饰密切相关的图像片段加以白描线摹，制成图谱。本书图绘尽量忠于原作，冀可备广大的美术爱好者以及中国古代服饰史研究的爱好者借鉴之用。

在本书即将付梓之际，首先要特别感谢我的父母，即本书的绘者胡震国和王守中。两位都长期从事绘画创作，早年曾出版过数十本连环画，在海上画坛皆有一席之地。虽平日里创作与活动颇多，但他们依旧在百忙之中为本书完成了近百幅的白描线摹，整个过程耗时近一年。其次要感谢编辑沈丹青，在本书的撰写过程中提供了宝贵的意见和建议。再次要感谢上海工程技术大学的领导与同仁，为本书的出版提供了极大支持。最后还要感谢身边的亲友，正是有了他们的鼓励和帮助，才让我有日复一日坚持服饰研究的勇气与动力。

2018 年初于上海

目 录

第一章 —— 服饰文明的微光

史前至先秦的服饰图像

华夏文明的发源大约是在旧石器时期的黄河流域，关于原始华人的服饰状态，或如《礼记》与《九歌》中的记载：茹毛饮血，披藤挂蔓。

"昔者……未有火化，食草木之实，鸟兽之肉，饮其血，茹其毛；未有丝麻，衣其羽皮。"——《礼记·礼运篇》

"若有人兮山之阿，被薜荔兮带女萝。"——屈原《九歌·山鬼》

从出土文物方面考察，中国服饰史的源头，最早可上溯到原始社会旧石器时代晚期。在北京周口店山顶洞人的遗址中，发现有一枚骨针和141件钻孔的石、骨、贝、牙装饰品，证实当时已能利用兽皮一类自然材料缝制简单的衣服，并有装饰物品，华夏的服饰文明由此发端（图1-1）。

中国古代服饰文明之源流，于古书典籍中留下了各种传说，而在提及服饰的初创与沿革时，往往多有附会，将之归功于三皇五帝。

如战国时人撰写的《吕氏春秋》、《世本》及西汉刘安的《淮南子》就提到，黄帝、胡曹或伯余创造了衣裳，竟成此后通行记述。

"伯余之初作衣也，緂麻索缕，手经指挂，其成犹网罗，后世为之机杼胜复，以便其用，而民得以掩形御寒。"——《淮南子·氾论训》

这些记载或不可全作为据，然而"手经指挂"却反映出了原始的手工纺织业状况，这可谓是最原始的织机——腰机。浙江余姚河姆渡新石器时代遗址第四文化层（距今约 7000 — 6500 年）出土的大量木棍和骨梭，证明当时已有简单织机，为后世各种织机的问世奠定了基础。由此人们方能逐渐脱离以兽皮为基本材料的服饰面貌（图1-2）。

至于纺纱绞线，从湖北屈家岭等地出土的良渚文化时期的纺轮，则是原

▌上图：（图1-1）华夏先民使用的
骨针和经钻孔加工串联的项链

▌下图：（图1-2）原始人"手经指
挂"使用最原始的腰机

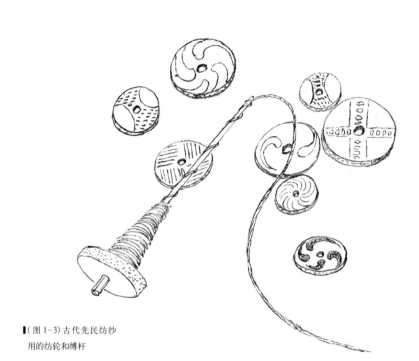

■（图 1-3）古代先民纺纱
　用的纺轮和缚杆

始早期的纺织工具，由玉，石，陶等制成，有些甚至仍存留鲜活的彩绘纹样，
堪称现代纺锭的鼻祖。

　　原始的纺纱工具由缚盘和缚杆组成，纺轮中的圆孔是插缚杆用的，当人
手用力捻动缚杆使纺盘转动时，缠于缚杆一头的线头便从一堆乱麻似的纤维
中连续不断地向外牵伸拉细，缚盘旋转时产生的力使拉细的纤维拈而成麻花
状。在纺缚不断旋转中，纤维牵伸和加拈的力也就不断沿着与缚盘垂直的方
向（即缚杆的方向）向上传递，纤维不断被牵伸加拈，当缚盘停止转动时，
将加拈过的纱缠绕在缚杆上即"纺纱"（图 1-3）。

原始织造技术可能源于渔网和筐席编结，传说伏羲氏"作结绳而为网罟，以佃以渔"。新石器时期，我国中原地区主要利用丝麻纤维进行纺纱。我国是世界上最早发明养蚕、缫丝和织绸的国家。

"后圣有作，治其丝麻，以为布帛。"——《礼记·礼运篇》

夏代以前（距今约 3000-2100 年），还处于原始社会，相当于仰韶文化时期，衣冠服饰制度尚未完备，但"衣裳"一词的出现表明上衣下裳的着装形式的存在。

"黄帝、尧、舜，垂衣裳而天下治，盖取之乾坤。"——《周易·系辞》

我国服饰仪制的出现大约在夏商之际，孔子以"致美乎黻冕"来赞美夏禹礼仪性冠服之美。"黻"是指古代礼服上黑与青相间的花纹，而"冕"则是指中国古代帝王及地位在大夫以上的官员们戴的礼帽，后专指帝王的皇冠，"黻冕"用以指代整套冕服制度（图 1-4）。

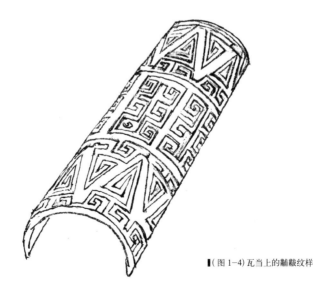

▌（图 1-4）瓦当上的黼黻纹样

在统治者眼中，服饰是具有某种统治秩序的象征物，与"治天下"和"乾坤"具有同等的含义，这种观念历千年而不衰。"乾"即指天，"坤"即指地。天未明时为玄色，故上衣像天而服色为玄；地为黄色，故下裳像地而服色为黄。

"禹会诸侯于涂山，执玉帛者万国。"——《左传》

由此可见当时丝织业的全面发达，以及玉制服饰品的出现。据考古发现，夏代玉型有玉琮、玉　、玉刀、玉版和玉笄，其中不少是服装的配套装饰品。

笄在我国新时器时代就已出现，有骨笄、蚌笄、玉笄、铜笄等。男女都可用，除固定发髻外，也用来固定冠帽。古时的帽大可以戴住头部，但冠小只能戴住发髻，所以戴冠必须用双笄从左右两侧插进发髻加以固定。固定冠帽的笄称为"衡笄"，周代设"追师"的官来进行管理。衡笄插进冠帽固定于发髻之后，还要从左右两笄端用丝带拉到颌下拴住。从周代起，女子年满十五岁便算成人，可以许嫁，谓之"及笄"。如果没有许嫁，到二十岁时也要举行笄礼，由一个妇人给及龄女子梳一个发髻，插上一支笄，礼后再取下。

■(图1-5)甲骨文中的
　　"蚕"字

至于商代则更重视桑蚕，野蚕已发展为家蚕，奉蚕为神，有"蚕示三牢（牛）"之说。甲骨文中也多次出现"蚕"字（图1-5），及与此相关的字样和故事。此外，青铜器上有蚕纹（图1-6）以及反映桑蚕种植景象的蚕事纹样（图1-7），配饰物有玉蚕等。由此可见，商代的丝织工艺已有相当水平，而且当时的丝织品已有绮和刺绣等品种，并且改进了织机，已有提花装置。

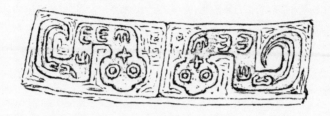

▌上图:（图1-6）青铜器上的蚕纹

▌下图:（图1-7）青铜器上所反映
　　的蚕事

鉴于商灭亡的教训，周王朝开始重视治民之道和术，其中最突出的是"礼"与"刑"，可见统治者的治国观念。

"礼，经国家，定社稷，序民人，利后嗣者也。" ——《左传·隐公十一年》

"事无礼则不成，国家无礼则不宁。" ——《荀子·修身》

由此，形成了周代服饰浓厚的礼仪性和等级性特征，一部《周礼》严格规定了服制。《周官·司服》曰："王之吉服，祀昊天上帝，则服大裘而冕；祀五帝，亦如之；享先王，则衮冕；享先公之飨射（宴饮宾客并举行射箭之古礼），则鷩冕；祀四望山川，则毳冕；祭社稷五祀，则缔冕；祭群小祀，则玄冕。"这六种冕服分别配上不同的衣裳"十二章纹"和冕旒的数目，形成了完备的冕服制度。

天子以下的公、侯、伯、子、男等的冕服也有明确规定（均下降一级），细部均有差别。周代对贵妇服饰也有制度，归"内司服"掌管，皇后服装也有六种，分祭服、礼服、便服三类，形制上无差异，均衣裳相连，唯色彩和纹饰有别，但女子服色必须上下统一，表示专一，不可有两色。周代贵族的服饰制度，经历代变更，大致形式未变，一直延续到清人入关才被废止。

西周后期，王室衰落，诸侯兴起，西京（西安）为犬戎所破，平王迁都洛邑（洛阳），史称东周，分春秋和战国两个时期，是奴隶制向封建制过渡的时期。

这一时期的服装在造型、纹样、饰物和发式上都呈现出全方位的变化。原因一在于，各诸侯国发展生产力来争当霸主，而国力强盛的一大表现就在于服饰形制；二在于政治、思想、文化上的"百家争鸣"，进一步促进了多样化的服饰面貌。这一时期为中国进入封建社会大一统的服饰面貌奠定了坚实的基础。

·陶器中的服饰图像

人面鱼纹彩陶盆

此盆由细泥红陶制成，属仰韶文化半坡型遗物，1955 年陕西省西安市半坡出土（距今约 7000-5000 年）。敞口卷唇，盆内壁用黑彩绘出两组对称的人面鱼纹。它被誉为原始美术、原始文字和原始艺术的结晶。此类人形彩绘以西安半坡、临潼姜寨出土的彩陶盆、彩陶钵所饰花纹最为重要，这是一种神秘而意味深刻的图像，呈圆形构图，画面由人面和鱼组合而成。在这个人形圆脸上多有一对笑眯眯的眼睛（睁开者仅一例），鼻子像倒立的英文字母 T，嘴巴笑哈哈地大张，嘴的两边各含一条鱼，双耳和高耸的发髻分别用鱼或鱼形纹装饰，额头为半黑和半弧圆的不对称图形，显得既诡异，又有几分天真（图 1-8）。

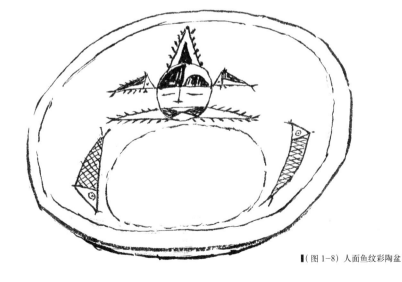

（图 1-8）人面鱼纹彩陶盆

▌(图 1-9) 人面鱼纹彩陶盆所
反映的远古渔民的服饰形象

　　专家对此多有讨论，或以为是半坡居民之图腾徽号，或以为是原始宗教的神祇，亦有学者认为此中绘制的网纹更像是一种巫具，或与巫具结合在一起的形象，因其骨架作"十"字形，也就是以后甲骨文中定型的"巫"字，从而体现着巫、祝的意义。由于半坡人渔猎生活占相当比例，绘饰人面鱼纹的器物，与当时的生活与祭祀场景密不可分。

　　如果从服饰绘画的角度来看这些图形，我们亦或能更加形象地理解绘制者基于生活中的场景，以一种特定的方式所描绘的图式：圆形的脸是人面，同时又代表着太阳，额部与口部的着色则表示当时人们的面部刺青（这在现代的非洲及南美洲等原始部落仍可见），闭着的双目表示享用食物的状态，而头顶的三角形应当是束发的造型，即总发上梳，从而与鱼的造型取得美学的一致性，同时也代表着山脉，至于双耳处的双鱼，则当是耳饰或发辫的意喻。整个图像，有阳光、山川与美食，表征着绘者对于美好生活状态的向往，亦应属于那个时期和地域的一种符号化的图像。或许这一解释更适用于该器物作为生活用品所应承载的意味（图 1-9）。

人类文明最早的启蒙，便是学会使用石与火，与生俱来的美感和智慧被倾注于泥土之中，经过火的焙烧便产生了陶。那灵动的线条和鲜艳的色彩充满了生命力，既为图腾崇拜、敬神祈福，又是生存的写照、情感的表达。

舞蹈纹彩陶盆

此盆也是细泥红陶，属仰韶文化马家窑型遗物，1973 年青海省大通县上孙家寨出土。口微敛，卷沿、圆唇、鼓腹、小平底。内外磨光施黑彩绘画。除口沿及外壁绘简单的弧线纹和斜线几何纹，内壁绘三组舞蹈纹，每组以平行弧线和斜粗线分隔，五人一组手挽手，动态整齐地进行集体舞蹈，生动地表现了原始社会先民们的文化生活，人物形象单纯而活泼，画面充满和谐欢乐

（图 1-10）舞蹈纹彩陶盆

的气氛，是当时彩陶中罕见的描绘人物形态的作品（图1-10）。

关于人头上及身后所绘的饰物，专家多以为是辫发饰尾，可能是摹拟野兽的装扮。如《山海经》讲述的西王母故事中人面虎齿有尾或虎齿豹尾，所指的也正是原始人着兽皮留尾的服饰形象。

这种饰尾乐舞服饰，在《后汉书·南蛮西南夷列传》与樊绰《蛮书》中有记载，在云南石寨山出土的青铜滇人舞女中表现得更为真实具体，并且有的是虎尾，有的是豹尾（图1-11）。

为何会有这样的服饰特征呢？这也许要追溯到很久远的时候，在原始人的狩猎活动中，伪装是极为重要的一种技能，尤其在弓箭发明之前，手执石刀与石矛的猎手必须非常接近猎物，才更可能获得丰厚的回报，于是伪装成大自然天生猎手的形象，就成为了勇气与技艺的象征。而这种极富戏剧化的装扮，又非常适合庆功与仪式的隆重场合，围着篝火载歌载舞的图式，自然而然地被制陶者用来表现丰收和欢快气氛的典型主题，在新石器时代的陶器中被永久地记录下来。

时至今日，仍有类似的活动仪式，每年农历十一月二十日，青海黄南藏族自治州同仁县年都乎村的居民都会跳起一种名为"於菟"的古老舞蹈。"於菟"一词，在汉语典籍中解释为"虎"。据村里的老人们讲，年都乎村跳"於菟"主要是驱除躲藏在村民家中的妖魔和瘟疫，同时也在祈求来年的安宁和吉祥。

人头形器口彩陶瓶

这个陶瓶于1973年甘肃秦安县大地湾出土，属仰韶文化庙底沟类型（距今约5000多年）。瓶口部分塑有少女头部形象，额头上有一排整齐的刘海，

■（图 1-11）舞蹈纹彩陶盆上
所反映远古猎手的服饰形象

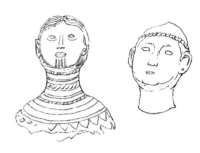

■左图：（图1-12）人头形器口彩陶瓶

■右图：（图1-13）人形陶器口残片

双耳通透，可以用来穿系细绳。这是早期堆塑、镂雕的原始形态，可谓中国早期人物雕塑的开端（图1-12）。

这种一刀齐刘海的发型，在相当长的时间和广度内在古羌人地区有普遍性，同样的发式还见于秦安寺嘴出土的人头形器口红陶瓶，东乡东塬林家出土的人面纹彩陶盆残品，以及甘肃永昌鸳鸯池出土的马家窑文化彩陶筒形罐上的人面绘纹。

另一类反映新石器时代原始人头面装饰的图像，见于陶器人形的残件，出土于甘肃境内礼县高寺仰韶遗址，当属于一件陶器的器口部分，头顶稍尖，额上有带状泥条的装饰带，似表示一种压在头发上的串饰。两耳处各有一个垂系饰物的小孔，可能是佩戴耳饰所打之孔（图1-13）。

这发际的串饰可能是管、珠一类的饰件，也似贝壳串饰，这种装饰形式在内蒙古某些早期商代墓的头骨上也有发现，而现今傈僳族妇女压在前额的贝带饰件亦近似于这种原型（图1-14）。

▌(图 1-14) 人形器口彩陶瓶
及残片所反映的远古少女的
服饰形象

·岩画中的服饰图像

我国是最早发现并记录岩画的国家。公元 5 世纪，北魏地理学家郦道元在其名著《水经注》中，对岩画记载多达二十多处。中国也是世界上岩画分布最丰富的国家之一，其分布北起黑龙江，南至云南沧源，东起东海之滨的连云港，西至新疆昆仑山口。绝大多数分布在边远山地，尤以临近沙漠或半沙漠地带为最多，遗址总数有数百个，大概不下几十万幅。形式手法多种多样，敲凿磨刻、颜料涂绘。

中国岩画历时悠久，先后沿续近万年，就目前已发现的，当以连云港将军崖岩画和内蒙古阴山岩画为最早，大约始于新石器时代早期或更早，距今约一万年左右。此外，云南沧源岩画、福建华安仙字潭岩画，可能是新石器时代的遗物，最晚的岩画则在明清时代。

阴山岩画和沧源岩画

在巴彦淖尔市境内的阴山上，从西至东绵延的群山中分布着大大小小五万余幅岩画。这些岩画创作年代距今已有数千年甚至上万年，题材有狩猎、放牧、战斗、舞蹈、日月星云、穹庐毡帐、图画记事符号等，画面真实生动，反映出中国古代北方民族的经济生活、生态环境以及文化艺术。阴山岩画以其丰富的创造题材和生动感人的艺术成就著称于世。

沧源岩画位于云南省沧源县境内。现已发现一千多个岩画图形，其中以人物图像为最多，还有动物、树木、太阳及一些原始表意符号等。

这幅图是一件较完整反映人类生存活动场面的岩画。作品由三个部分组成。图的中心位置，一条粗的实线表示着村道，人畜在一圆形弧线界定的村

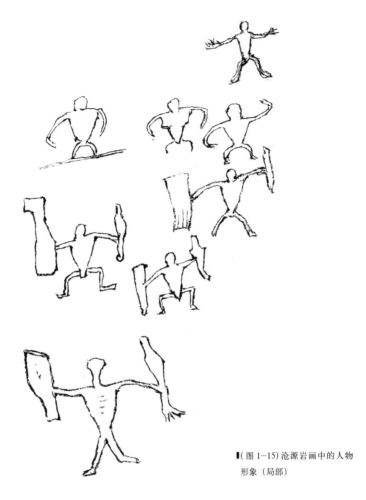

▌(图 1-15) 沧源岩画中的人物
形象（局部）

寨中和平相处。画面的上方人物两腿屈膝下蹲，似乎在应和着震撼山谷的号
子声踩步起舞，边跳边晃动着手上的器具，似乎在助威、呐喊，又似乎是在
祷告着胜利。画面的下方是一场惊心动魄的拼杀场面：搭弓引箭者，挥舞枪
棒者，拳脚相向者，还有横卧地面的尸首，构成了一幅震撼人心的战争场
景（图 1-15）。

▌(图 1-16) 岩画中所反映的
远古战士形象

整幅画面用赤铁矿粉以手指、羽毛绘制而成，画面虽呈现出原始人类对绘画形体表现的简略与稚拙，但通过画面人物动态和场景的安排，可感受到我国南方原始人类生活的场景，仿佛可以听到回荡在山谷的呼喊声和震耳而又有节奏的祭祀歌舞声。

就其中反映的服饰、发式以及个别符号图形作比较，大致与辛店彩陶上的人形纹饰及表现手法相类同，即剪影式或平涂式。或因其所处的时代接近，或因这些服饰形制延续时间极为漫长，显现出它们之间密切的联系。

从上述例证来看，发式有齐颈披发的，有束发或辫发抛向一侧的，也有左右作角形的。衣服的形式，除沧源岩画穿着平肩短上衣外，其他一律着齐膝长衣，腰部紧收，呈 X 造型。此类服装，在新石器时代显得尤为普遍，而且在社会进程滞缓的民族中一直沿用不易（图 1-16）。

"项髻徒跣，以步贯头而着之。"——《后汉书·南蛮西南夷列传》

"男女皆横幅结束相连，女人被发屈紒，衣如被单，贯头而着之。"——《后汉书·东夷列传》

从以上两段文献中可知，这种服装的名称应叫"贯头衣"，通常用两幅窄布对折相拼，上部中间留出套头的口子，两侧留出手臂的开口，无领无袖。缝纫简便，着后束腰，便于劳作。这种服制在纺织物质资源极其匮乏的原始社会中无疑是更为合理实用的，故而广泛和长期使用有其必然性。

沧源岩画平肩式服装样式应当是南方亚热带的短打扮式，而辛店彩陶、阴山岩画的贯头式长衣源流则可能更早。从当代的民族资料考察，这两种服制在我国台湾省高山族中仍得以保存，长到膝部的称作"鲁靠斯"，短到腰腹部的称为"拉当"或"塔利利"，材料为蕉、葛、麻纤维。

　　贯头衣从其地理分布看，自蒙古西部向南，横跨了几乎整个中国。从文献上看，东到日本，西至新疆西北边境，所属族群非常丰富，各种岩画的图像资料时代跨度大，但可以证明在纺织品出现以后，这种服制已发展为定型样式，在相当长的时间内，具有普遍性，并在很广阔的地域内和许多民族中通行，只是因地理气候的差异而在选用的纺织材料上有别，包括衣长的变化。贯头衣是一种概括性的服制，是新石器时代的典型服装，它改变了旧石器时代的部件式衣着形式，并在以后的演化中逐渐得以完善。

　　原始社会先民们创造了许多最基本、最经久的服装样式，并不断随着生产的发展和文化的进步而丰富和演化，最终为中华民族的衣冠王国奠定了坚实的基础。

·雕像中的服饰图像

商周时期人形雕像

　　在商代墓葬中出土了大量的人形雕像，由玉、石、陶等材料制成。商代是奴隶制社会，当时的随葬俑大概有如下几种不同身份的阶层：1、奴隶（图1-17）；2、战俘，包括了战败部落不同阶层的人；3、大奴隶主身边的近臣亲妾；4、作为祭祀或鉴诫的前代古人；5、奴隶主本人或其重要亲属。

　　至于这幅白石雕刻踞坐人形，身穿精美纹饰的花衣，头戴花帽，即便不是奴隶主本人，也或是亡国丧邦有所鉴诫的古人，如酗酒成性的夏桀，故而一副放纵享乐的形象。该雕像是短衣齐膝，全身衣着有不同花纹，领袖间、平箍帽子及宽腰带都可能是提花织物纹样，与商代青铜器纹样极其相似。

　　由此可见，短衣并非意指身份低下。虽然照一般说法，奴隶主及封建贵族宽袍大袖是权贵的象征，凡衣短齐膝就是胡服，但据汉代武氏祠石刻古人形象来看，传说中的古代帝王名臣，如神农、颛顼、后稷、夏禹等穿的全都是类似的小袖短衣。所谓的"胡服"，战国时期含义应当是短衣齐膝，使用带钩，便于骑射。春秋间社会上层衣着还有不少短衣齐膝，用组带束腰，明显是中原固有样式（图 1-18）。

　　再看这个头戴高巾，身穿长袍，裳裙曳地，衣前附有"圜杀其下"黻带的人物，其身份至少也是一个小奴隶主或地位较高的亲信奴隶，因为在古代奴隶社会和封建社会前期，都把身前的垂饰（蔽膝）作为象征权威的物件，并用不同质料、色泽和花纹来区别等级。头上即便不是尖顶帽，也应是裹发的巾子，以后虽然很少见到，但是裹缠的方式至今还能够在西南苗族或其他少数民族的头饰上看见（图 1-19）。

　　另从当时的雕像看，一再出现近似汉代平巾帻式的平顶帽或帽箍，这也是值得注意的一种服饰现象，可证实这种帽式源远流长，最晚在商代即已出现，而至春秋、战国时期还经常使用，并非如汉代史志所说，西汉末年王莽因头秃无发才开始应用。也不完全似蔡邕《独断》所说"帻者，古之卑贱执事不冠者之服也"（图 1-20）。

　　妇好是商王武丁的配偶，生前能征善战，地位极为显赫，死后庙号封为"辛"。自她的墓中共出土了 755 件玉器，这件圆雕玉人，是所有装饰品中最精美的一件。玉人用黄褐色和田玉雕成，双手抚膝跪坐，头梳长辫、盘于顶，头上戴箍形束发器，接连前额上方卷筒状装饰，像一个平顶冠。人物面庞狭长，表情肃穆。身穿右衽交领长袍，下缘长至足踝，衣袖窄长至腕，

▌上图：(图1-19)高巾长袍
的高级近臣服饰形象

▌下图：(图1-20)头戴平顶
帽的贵族女子服饰形象

腰束宽带，腹前悬长条"蔽膝"，两肩饰臣字目的动物纹，右腿饰S形蛇纹，背后插一卷云状宽柄器，气度雍容，显然是一个上层奴隶主贵族的形像，抑或就是妇好本人。由此圆雕玉人可知商代贵族服饰的大体形制和样式。

关于笄的图像

商代重玉，周伐纣成功后，得商玉以亿万计，均分散于讨伐商纣有功的各诸侯族长，现今在云南、湖南和广西等地发现的大量玉器，虽出土于东周时期，但时代可能更早，当属商周之际，都可能是周初从商得来的。

从洛阳东郊西周墓出土的玉人头上的饰品来看，应与商代以来成年妇女使用的笄有关（图 1-21）。

商周时期墓葬中，出土了大量的骨笄（图 1-22），制作简单的和骨椎差不多。男子单用，横贯椎髻，或用小帽冠套住发髻后，用骨笄穿过冠下小孔来固定冠和髻。妇女则成对来使用，通常斜插在头顶发髻的两旁，或有成双成对，永不分离的意味。

"笄端刻鸡形，士以骨为之，大夫以象为之。"——《说文》

由此可见，笄的材料是区分等级的标准之一。另一个差异就是在一端的装饰上，简单制作的只有几道凸起的线箍，制作精美的多在一端刻上鸟形，如鸳鸯、鸂鶒、戴胜等，通常女用。再由本图所见，凡属鸟状笄首，不是两鸟相对就是并置向前。

其次，玉人上衣呈现出矩领的样式，领部有缘饰，这与洛阳庞家沟西周墓出土的人形铜车辖完全一致。并用较宽的带子束腰，腰下腹前垂有一片斧形的装饰物，与前面介绍的商代人形大致一样。使用皮革涂成红色的，或彩

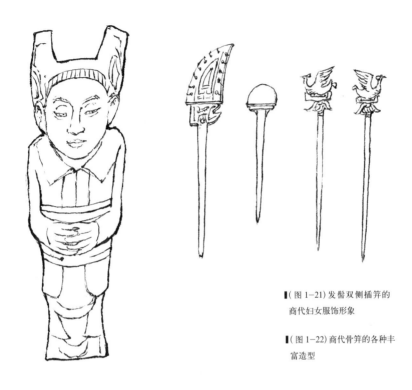

▌(图1-21) 发髻双侧插笄的商代妇女服饰形象

▌(图1-22) 商代骨笄的各种丰富造型

绘的称为"韦鞸",用丝绸织绣花纹的叫做"黻",也是象征特别身份的装饰物,古代王者必衣黼绣,后来称为"蔽膝"是因其位置和作用而言。

"青与赤谓之文,赤与白谓之章,白与黑谓之黼,黑与青谓之黻,五彩备谓之绣。"——《考工记》

春秋战国俑像

春秋、战国之际,正是西周农奴制逐渐解体,东周封建社会逐渐形成的时期。由于王权的日益衰弱,诸侯分治,大小兼并,相尚以力,相争以权,相夸以财富的社会状况对服饰的影响尤为重大，呈现出异常多样性的局面，这从目前出土的大量当时的陶俑雕刻中可见一斑。

在河北平山三汲出土了中山国玉人，中山国属于北狄，是战国中期中原地区的一个由白狄族建立的少数民族诸侯国。图中展示的玉人服饰，上穿紧身窄袖衣，下穿方格花纹裙，在当时具有一定代表性。人物头上的卷型发饰，形似牛角，在山西侯马冶铸遗址中已出现过，战国薄刻铜器战士头盔上更常见，可能是中原地区流行的笄饰。

春秋、战国以来，儒家所宣扬的古礼制逐渐成为主流，广衣博带成为统治阶级养尊处优的男女尊贵象征，上层社会逐渐与小袖短衣、便于劳作的服制隔离疏远，加上短靴和带钩，一并被认为是游牧民族的特有式样了。而史载的赵武灵王"胡服骑射"，或其重点在于比较大规模的骑兵运用的方面。

这个木俑是长沙仰天湖楚墓出土的战国时期妇女彩绘俑，该区域还出土了大量

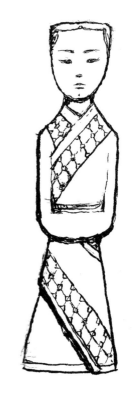

▌(图1-23)战国时期楚国女子着曲裾袍的服饰形象

的彩绘男女木俑，为我们了解春秋、战国以来楚人冠巾衣着的形象提供了真实可信的图像资料。木俑约有四种类型：男女侍从俑、武士俑、伎乐俑和贵族俑。由此可证，汉代文化受到楚文化影响十分显著，所谓的"楚衣"、"楚冠"便在这些木俑中得以管窥（图1-23）。

男女衣着多趋于瘦长，领与襟的缘饰比较宽，绕襟旋转而下，与东周以来齐鲁所习惯的宽袍大袖区别明显。衣着华美，纹饰丰富，红绿缤纷。袍衫多作满地云纹、散点云纹或小簇花，边缘多有矩形图案，可见衣着材料与边缘材料的显著差异，与"衣作绣、锦为缘"的古文献记载相符。

楚国妇女的曲裾袍服，挂佩饰。袍服的衣袖有垂弧，这种袖式后来被夸张延用，主要是可以使肘腕行动方便。曲裾深衣与其他深衣相比，除了上衣下裳相连这一特点之外，还有一明显的不同之处，叫"续衽钩边"。"续衽"就是将衣襟接长。"钩边"就是形容衣襟的样式。将左边衣襟的前后片缝合，并将后片衣襟加长形成三角，穿时绕至背后，再用腰带系扎（图1-24）。

关于玉佩的图像

河南信阳二号楚墓出土了彩绘青年妇女木俑，穿袍服、挂佩饰，袍服的衣袖收口，加缘边，这种袖式后来也常用，主要是可以使肘腕行动方便。系腰的大带及绕襟而下的缘饰，花纹也各不相同，图案精美严谨、规整而多样化。由此可知，当时实物配饰之华美（图1-25）。

该服装为上衣下裳，裳交叠相掩于后，腰间系带玉佩于前。此木俑是战国楚墓出土的组佩俑，当时诸侯礼聘及祭天祀神所穿礼服都佩玉，所谓"君子无故，玉不去身"。这一历史阶段新出现的彩色琉璃和玉质明莹雕琢精美

（图 1-24）战国时期楚地女装
的服饰形象

■左图：(图1-25)战国时期楚国女子带玉佩服饰形象

■右图：(图1-26)战国玉佩所反映的舞女服饰形象

麻花绞式蚩尤环，以及大型玉璜等，组列成珮，各式多样，不拘一格，可谓"宾客满堂，视钩各异"。

"纂组绮缟，结琦璜些……灵衣兮被被，玉佩兮陆离（琉璃）。"——《楚辞》

由于商、周以来对玉物的爱好和重视，促进了春秋、战国雕玉工艺的高度发展。照礼制，成组列佩玉也于这时期完成。但据近年大量出土玉物分析，凡是成组列佩玉，实各式各样不受礼制约束。这一组雕玉，组织不尽合礼制，但配列工艺设计极精，用黄金组绳贯串，是到目前为止，艺术水平特别高和有代表性的一组佩玉。

　　再来看一个战国时期制成的舞女形象的玉佩（图1-26），其头部顶覆盖着帽箍，这种帽式在较早的商代人形雕刻和较后的楚俑中都常有相似形象，可见当时妇女应用装束的共通性（古代冠子有"制如覆杯"形容，指的或近似这种式样）。发式前后均有一部分剪平，后垂发辫则作分段束缚，这种样式西汉陶俑中还有发现。此外，楚俑还有在脑后的长发中部结成单环或双环的发式，这在西汉的彩绘木俑中也有发现，可见这一时期对后来汉代服饰的影响深远。

　　以上这些材料都可以说明，春秋、战国间，带钩未普遍使用以前，多样化的服饰样式及其配件是必然的情形，但总是以曲裾制式和交领制式为主的，并且还保留了一点西周以来的规格。

　　所谓"帛"是丝织品的总称，而"帛画"就是指作于丝织品上的一种绘画形式。从目前考古发掘的帛画来看，它与战国时期楚文化中的"招魂"之民间习俗不无关系，因为在楚人看来，唯有将魂招回故土方可使其安享，而不可任其乱跑，于是帛画往往作为墓葬棺椁上的覆盖物，起到引魂升天或者魂归故里之丧葬功用，是为亡魂与天国沟通的桥梁。

《人物龙凤帛画》

　　这幅帛画出土于长沙陈家大山楚墓（图1-27），是我国现存帛画中最早的一幅作品。画中着云纹绣衣的妇女，两手合掌作祈祷状，似为墓中主人形象，在她的头部上方有引颈张喙的凤鸟，作展翅腾飞状；另有一龙张举双足，躯体扭曲，呈向上升腾之状。贵妇脑后挽髻，身穿宽袖紧身长袍，衣摆曳地，上绘卷曲纹样。这种服装一般都采用轻薄柔软的质料制成，另在领、

（图 1-27）《人物龙凤帛画》

袖等主要部位缘一道厚实的锦边，以衬出服装的骨架。袖端的锦边较有特色，同样用深浅相间的条纹锦制成，富有强烈的装饰效果。这与信阳出土的楚墓彩绘木俑中的宽缘袍子的形象完全相同，是春秋、战国以来贵族男女衣着通常的样式，并一直延续到后代。

据《尔雅·释衣》有注，袖身扩大的部分为"袂"，所谓"联袂"就是由此而来，意为牵手共同出现，而袖口收缩的部分叫做"祛"。另据刘熙《释名》称，有袖口的为"袍"，没有袖口的为"衫"，而小口大袖的俗称为"琵琶袖"，故而可称此类衣着为"琵琶袖长袍"。

其次，该贵妇腰间系了一条较宽的丝织物大带，腰身收束得十分细窄，这与长沙楚墓彩绘漆卮上的妇女形象相近，看来已是当时的一种风尚，具有普遍性，后汉马廖疏曾引民谚曰：

"吴王好剑客，百姓多疮瘢。楚王好细腰，宫中多饿死。"

后又衍伸出：

"城中好高髻，四方高一尺。城中好广眉，四方且半额。城中好大袖，四方全匹布。"

对照着这幅帛画来看，进一步印证了传言不虚，这位妇女的发髻向后倾，并延伸成为后世的银锭式或马鞍翘的样子，这与湖北荆门包山二号楚墓出土的战国楚烛俑铜灯底座的妇女形象（图1-28），以及河南辉县出土的战国小铜妇女俑的发髻处理十分一致，而这种发髻的造型在战国至西汉是有一定的普遍性的。

再看女子面部，眉清目秀，特别是眉形，四方而平直，明显有化妆过的广眉造型，既与其他楚俑相似，又与民谚相符，并印证了《楚辞·大招》中关于当时女子化妆后"粉白黛黑"的模样。至于宽大的袖幅，就更加明晰可见了。

《人物驭龙帛画》

很巧的是，另有一幅存世的战国时期的帛画描绘的恰是一位男性作驭龙升天的姿态，可谓战国中晚期的帛画精品，1973年于湖南省长沙市子弹库一号墓出土。帛画呈长方形，长37.5厘米，宽28厘米。质地为深褐色平纹绢（图1-29）。

图中有佩长剑的男性，手执缰绳，驾驭一条龙。龙身如舟，龙尾站着一只白鹭；龙之下前方有一条鲤鱼领航。图画正上方打了一把伞，可见主人公身份显赫。寓意墓主驾驭飞龙升天。画意引人联想屈原诗句："带长铗之

▌(图 1-28)战国楚烛俑铜灯
底座的妇女形象

陆离兮，冠切云之崔嵬。"故而称其头戴的一片薄纱高冠为"切云冠"亦可。另其身着宽衣博袍，以及颔下所系的缨都似轻薄浮空，随风飘举，既有升天之状，又可说明这些服饰材料的薄如蝉翼。

较之《人物龙凤帛画》，本幅《人物驭龙帛画》所画的人和动物都更加写实，比例关系与现实中的人物更接近。这也反映了在战国时期绘画表现手法已经不止一种，有的比较写实，有的更具有装饰性，而且，都已经达到了相当高的水平。可以说这一时期的绘画大致确立了中国工笔画的基本表现手法。

▌（图1-29）《人物驭龙帛画》

再从近年在湖北江陵马山一号楚墓出土的直裾禅衣、绣罗禅衣及刺绣纹样等目前所见的最早的实物来看，锦袍和禅衣的样式基本与帛画中的服饰结构相同，皆为右衽、交领、直裾（图1-30）。

·其他类型的服饰图像

水攻战纹青铜鉴

本图是1935年于河南汲县山彪镇出土的

▌(图 1-30) 直裾禅衣出土原样

战国时期青铜鉴上的纹饰。铜鉴,形似木盆,用以盛水或冰,巨大的或用以沐浴。古时没有镜子,常盛水于鉴,用来照容。因其腹部刻画镶嵌有精美的人物作战内容的装饰纹样,故称"水攻战纹鉴"(图 1-31)。

纹饰分三层,上下两层为陆上攻守图像,中间一层为水上攻战图。画面中对战的两艘战船各分两层,下层有操舟者面向前进方向划桨;上层有武士挥戈、射箭等战斗形态的生动刻画。每个人物都手持一种器物,保持一定动作,富有动态旋律,形体刻划简练概括,四肢结构鲜明,给人以力感。图案中有水陆交战、坚壁防守、云梯攻城;有冲锋击杀、交战阵势、执戈载等战争场面。

（图 1–31）水攻战纹青铜鉴
局部拓片

虽然纹刻仅是人物的剪影和轮廓，但仍可以探究一些战国时期的军戎服饰片段。从头部来看，帽盔图像有两种：一种像现代的棒球帽，有帽檐；另一种的头部有两个凸起的角，后部又加披鹊尾。衣服亦有两种：一种长衣及膝，上部紧窄，下摆部张开，露出裤腿，似用缣帛中夹厚棉纳成的"练甲"，文献称"被练之甲"；另一种衣服紧裹全身，或者似是赤身裸体，仅着裈。战国除彩绘皮甲外，还有用铜铁片联缀而成的甲衣，比较清晰的部位与联缀方式直到秦国兵马俑出土方才得以清楚。

此外，作为重要的随身配饰兼兵器的佩剑出现在了几乎每一个人物的腰际，穿戴方式应如随县擂鼓墩大墓出土的曾侯乙墓编钟武士人形座承中的样式相同（图1-32）。

剑出现在西周时期，广泛应用开始于春秋，平时贵族用以防身并体现威仪，一般剑身较短，制作精美，如越王勾践剑等，多在市尺二尺左右。到了战国晚期，才发展成为贵族身边的装饰品，并日益加长。而一般战士用剑，除漆鞘以外再无其他装饰，多直插腰间，或在剑鞘中部附一块长方形玉具，平时系于腰带上，可以移动。

水攻战纹青铜壶

无独有偶，在成都百花潭中学出土的一个战国青铜壶上的纹饰（图1-33），人物形态与服饰几乎与上节中如出一辙。

壶颈部为第一区，上下两层，左右分为两组，主要表现采桑、射礼活动。采桑组树上、下共有采桑和运桑者五人，表现妇女在桑树上采摘桑叶，可能表现的是后妃所行的蚕桑之礼。画中男子束装佩剑，似在选取弓材。习射组

(图1-32) 曾侯乙墓编钟武
士人形座承中的服饰形象

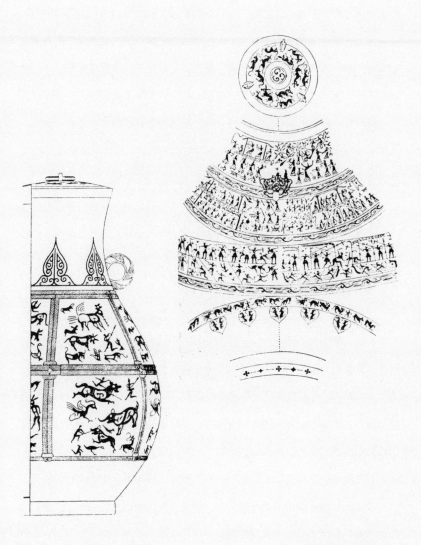

▌(图 1-33)战国青铜壶上的
　　纹饰拓片

四人在一建筑物下依次较射，前设侯，侯为箭靶。《小广雅·释器》："射有张布谓之侯，侯中者谓之鹄……"这里描绘的应是古时举行射礼时的场景。

第二区位于壶的上腹部，分为两组画面。左面一组为宴享乐舞的场面，七人在亭榭上敬酒如仪，榭栏下有二圆鼎，二奴仆正从事炊事操作。下面是乐舞部分，簨簴上悬有钟磬，旁立建鼓和丁宁，图中三人敲钟，一人击磬，一人持二桴（鼓槌）敲打鼓和丁宁，尚有一人持号角状的吹奏乐器在演奏，表现了载歌载舞的热闹场面。右面一组为射猎的场景，鸟兽鱼鳖或飞、或立、或游，四人仰身用缯缴弋射，一人立于船上亦持弓作射状。

第三区为水陆攻战的场面。一组为陆上攻守城之战，横线上方与竖线左方为守城者，右下方沿云梯上行者为攻城者，短兵相接，战斗之激烈，已达到白热化程度。另一组为二战船水战，二船上各立有旌旗和羽旗，阵线分明，右船尾部一人正击鼓助战，即所谓鼓噪而进。船上人多使用适于水战的长兵器，二船头上的人正在进行白刃战，船下有鱼鳖游动，表示船行于水中，双方都有蛙人潜入水中活动。画中的战斗情景虽受画面的限制，仅能具体而微，然而刻画生动，战士们手持武器，头裹巾帻，射者支左居右，张弓搭矢；持戈者前握后运，双足稳立；架梯者高擎双手，大步跑进；仰攻者持弓戈矛盾，登梯勇上；荡桨者前屈后翘，倾身摇荡；潜泳者扬臂蹬足，奋力游动。作者以极其丰富的想象力，准确地抓住每一人瞬间的具有特征的动作，构成了一幅惊心动魄的战争场面。本区位于壶的下腹部，界面宽，图中人物也最多。

最后的第四区采用了垂叶纹装饰，给人以敦厚而稳重的感觉。应该说本壶是当时社会生活的一个典型缩影。

/ 结 语 /

相对来讲，先秦服饰的图像资料相当少，只得在一定程度上借助于某些神话传说与器皿纹饰等加以窥探。

从图像资料以及留存至今的仍处于原始社会生活方式之中、俗称活化石的部落生民等形象资料来看，人类早期的服装款式最常见的是贯头衣，下摆过臀。佩饰最普遍的是项饰，其次是头饰和臀腹部垂饰。

传说中黄帝元妃嫘祖"始教民育蚕，治丝茧以供衣服"，更说明了中国远古时期的服装质料，既有葛藤、苎麻等剥制的植物纤维，也有在世界上相当一段时间中唯一拥有的蚕丝，这些决定了以后中国服饰的艺术风格。

根据文献来看，自周代始，中国的冠服制度已经趋于完备。礼服规定严格，因仪典性质、季节等而决定纹饰、质料各异。从孔子"服周之冕"之言，可认为后代以周代冕服为标准服制内容。仅以最典型的冕服而言，冕服应包括冕冠、上衣下裳、腰间束带，前系蔽膝，足登舃屦。然而现存当时的图像资料尚不完备，或只能从后世获得证据了。

春秋、战国时期，中原一带较发达地区涌现出一大批有才之士，在思想、政治、军事、科学技术和文学上造诣极深。各学派坚持自家理论，竞相争鸣，产生了以孔孟为代表的儒家、以老庄为代表的道家、以墨翟为代表的墨家以及法家、阴阳家、名家、农家、纵横家、兵家、杂家等诸学派，其论著中有大量篇幅涉及服装美学思想。儒家提倡"宪章文武""约之以礼""文质彬彬"。道家提出"被（披）褐怀玉""甘其食，美其服"。墨家提倡"节用""尚用"，不必过分豪华，"食必常饱，然后求美，衣必常暖，然后求丽，居必常安，然后求乐"。属于儒家学派，但已兼受道家、法家影响的荀况强调："冠弁衣裳，黼黻文章，雕琢刻镂皆有等差。"法家韩非子则在否定天命鬼神的同时，提倡服装要"崇尚自然，反对修饰"。《淮南子·览冥训》载"晚世之时，七国异族，诸侯制法，各殊习俗"，比较客观地记录了当时论争纷纭，各国自治的特殊时期的真实情况。

总之，先秦服饰在中国服装史上的地位，正如三代鼎彝、战国帛画之于美术史一样，意义重大。因为画者奠定了线描、散点透视、神重于形等中国传统美术风格，衣者则奠定了上衣下裳和上下连属等中国服饰的基本形制，并显露出中国图案富于寓意，色彩有所象征的民族传统服饰文化意识。

第二章 —— 汉服文化的成型

秦汉的服饰图像

秦汉时期，是中国统一的多民族封建国家的建立与巩固时期，也是中华民族服饰文化风格的确立与发展极为重要的时期。

公元前221年，秦王嬴政灭六国，结束了春秋战国的分裂混乱局面，统一了中国，自称始皇帝。他建立的朝代史称秦朝，公元前206年，秦二世胡亥时亡。

在秦统治的十五年间，一举改变了由封建割据造成的"田畴异亩，车涂异轨，律令异法，衣冠异制，言语异声，文字异形"的状况。衣冠服饰由"异"趋"同"，大秦"兼收六国车旗服御"，吸收各国之长，融合众家特色，产生了秦代特有的精神风貌。

秦代废除了周代服制，不用"六冕制"，从皇帝到文武百官只取最低一等的玄冕（图2-1）。（玄冕：用于帝王参加小型祭祀活动。为冕与中单、玄衣、纁裳配套，衣不加章饰，裳绣黻一章花纹。）服制主要承前朝影响，仍以袍为典型服装样式，主要保留了曲裾和直裾两种形制，袖也有长短两种样式；男女日常服饰形制差别不大，都是大襟窄袖，不同之处是男子的腰间系有革带，带端装有带钩，而妇女腰间只以丝带系扎；秦还有一种绕襟盘旋而下的袍服，不同于曲裾衣，至背后直下（图2-2），这或是对两种形制袍服的创新之举。

邹衍的"始终五德说"深刻影响了秦代的服色观念："土－黄帝－黄、木－夏－青、金－殷－白、火－周－赤、水－秦－黑"。因而秦人尚黑。然而秦兵马俑的问世，丰富了今人对秦代服色的认识，其实秦人服色亦多靡丽，有粉绿、朱红、粉紫、天蓝等明快的色调相衬，尤其在领口、襟边、袖

■（图 2-1）"六冕制"中最低
一等的"玄冕"服饰形象

▌上图：(图 2-2) 绕襟至身后而
　　直下的另一种袍服形制形象

▌下图：(图 2-3) 腰佩"绶带"
　　的汉代官吏服饰形象

口等处都镶有彩色缘饰，色彩对比强烈，束发、冠带以及联缀甲片的绳索等，其用色也以朱红或橘红为主。

秦末爆发的农民起义推翻了秦王朝的统治，经过长期的楚汉相争，公元前202年由刘邦建立了西汉政权，至公元25年进入东汉时期，最后在公元220年，汉献帝被曹丕所逼退位而宣告结束，两汉历时426年，在中国服饰文化史上烙上了深深的印记。至今我国的主要民族仍被称为汉族，中国的传统服饰即汉服。

汉代服饰以华美著称，不过在西汉初期的服饰仍是简朴的。汉文帝执政时期，崇尚俭朴，所穿服装，不过"弋绨、革舄、赤带"。而京师贵戚服饰，却大大"奢过王制"。在一些贵族家庭，就连地位卑下的奴仆侍从，服装也必用"文组彩牒，锦绣绮纨"。饰物装束更为珍贵，或用"犀象珠玉"，或用"虎魄玳瑁"、"金银错镂，穷极丽美"。

汉初曾采取轻徭薄役、安抚百姓的政策，使得社会经济迅速恢复和发展。到汉武帝执政时期，西汉进入全盛。凭借国力强盛，反击了匈奴的侵扰，开辟了通往西域的道路——"丝绸之路"，扩大了汉帝国的疆域，促进了民族间的融合，服饰的多元化得以进一步显著。

西汉在周制冠服制度的基础上进行改进，形成了相当完备的舆服制度，规定出皇帝、品官的礼服、朝服、常服二十余种，这些服制，同周制一样，基本也是以不同的冠式去区分。

礼服和朝服仍是上衣下裳制，礼服的配件组玉蔽膝等也基本不变，至东汉则产生了绶与佩这样的新配件（悬挂于腰间用来存放官印的绶带，而且通过佩绶的长短高底来区分品官的等级）（图2-3）。

因此较之周制更等级化、细节化、丰富化，款式基本还是采用周制。后世之礼服，基本以周制为骨架，秦汉为血肉的基础，一直延续到明末。汉代以后，礼服制度基本确立，每朝的变化很小。

民间常服依旧是上衣下裳制和深衣制，只不过深衣已逐渐代替上衣下裳成为主流，并且下裳较之前朝日趋变宽大。劳动人民则是上着及膝短襦，下面直接配裤的装束。女子所穿的上衣下裳，上衣短小，一般标准到腰胯部，扎到裙子里面，袖子窄小，裙子宽大，后来加入了很多女性特征元素和一些固定配件，而且要比上衣下裳华丽，故成为汉服体系中的第三个款式。也因为上衣短小而改称为襦，搭配裙子成为襦裙。还有一点不同于上衣下裳之处在于，襦裙是套装，颜色和花纹等并不是随意搭配的，而是配套的（图2-4）。

秦汉两个王朝间，虽然历经多次的兴衰变迁，但从整个封建社会的历史进程上看，是处在蓬勃发展的上升阶段。当时国家统一，经济繁荣，疆土大为扩展，民族空前融合。西汉张骞出使西域，东汉班超出关经营，建立和巩固了真正意义上沟通东西方的桥梁，中西交通的开辟使得中外文化的交流进一步增多，为图像艺术的兴盛创造了丰厚的物质和精神条件，也为我们今人能够管窥那个时期的服饰面貌提供了宝贵的图像资料。

· 壁画中的图像

秦汉时代，自皇帝宫室、贵族邸第、官僚府舍到地主住宅，几无不饰有壁画，文献于此多有记载。

武帝"作甘泉宫，中为台室，画天地泰一诸鬼神，而置祭具以致天神。"

——《汉书·郊祀志》

▌(图 2-4) 着襦裙、腰系丝带
的汉代女服形象

宣帝"甘露三年，单于始入朝。上思股肱之美，乃图画其人于麒麟阁、法其形貌，署其官爵姓名。"——《汉书·苏武传》

汉代宫室壁画内容以明王圣贤、忠臣义士、孝子烈女和神仙鬼怪为主，除装饰意义外，还负有表彰伦理道德之责。

"永平中，显宗追感前世功臣，乃图画二十八将于南宫云台，其外又有王常、李通、窦融、卓茂，合三十人。"——《后汉书·朱佑传》

秦汉宫室壁画实物仅有零星发现。秦咸阳宫殿三号遗址曾出一件残壁，是目前所发现的宫室壁画年代最早的实例。壁画内容有车马仪仗、房舍建筑等。造型简单古朴，基本上采用正侧面的剪影式构图，技法粗放，反映了早期壁画的稚拙特点，然而反映的服饰内容却并不多见。

西汉壁画的实例可以西汉晚期的河南洛阳卜千秋墓室壁画为代表。该墓壁画绘于墓室脊顶二十块砖上，从后（西）至前（东）依次绘有蛇头鱼身怪物、日、伏羲、乘凤乘蛇人物、九尾狐、蟾蜍、玉兔、人物、白虎、朱雀、怪兽、青龙、持节羽人、月、女娲、瑞云；又于门额和后壁上部绘趋邪的方相氏和其他仙禽怪兽。全墓壁画以阴阳五行为架构，描绘了升天、永生和辟邪等内容。

值得注意的是，在该墓室所绘的女娲头部发式，于云髻峨峨后垂下了一髻，又于两鬓处双垂蝎尾状"掩鬓"，这种头发样式在西汉的墓室壁画中经常出现，是为当时非常流行的妇女发型特征，乃致魏晋南北朝时期的名画家谢赫亦取其形，当时人评谢赫仿古画时有"直眉曲鬓，与世竞新"的评论（图2-5）。

另有洛阳烧沟六十一号汉墓，墓室壁画以历史故事著称。其中右边部分所表现的是《晏子春秋》所记载的"二桃杀三士"故事，即三勇士因争二桃

（图2-5）双鬟垂蝎尾"掩鬓"、
云鬓峨后"垂髫"的汉代女
子形象

而引起的相继自杀的情形。绘画的用笔同样也古朴而近于意笔，但仍可从中分辨出人物的神态表情及其所穿着的服饰样式。

由图中所见的三位勇士形象，可知当时的武士皆穿着齐膝的广袖短襦（衣），大口的袴（裤）子，腰佩长剑，头顶椎髻，无冠，只用小巾束发（图2-6）。

"剑士皆蓬头突鬓垂冠，曼胡之缨。"——《庄子》

"其殿门有成庆画，短衣、大袴、长剑。"——《汉书·景十三王传》

"通儒服，汉王憎之，乃变其服，衣短衣，楚制，汉王喜。"——《史记·孙叔通传》

■（图 2-6）《二桃杀三士故事图》中武士的服饰形象

　　这种短襦与裤子搭配的形制史称"袴褶服"，源于我国西北游牧民族服装，始为左衽骑服，自春秋时赵武灵王"胡服骑射"后被引入中原，亦改为右衽，用作男子常服、朝服，而且也改变了汉人以往裤子无裆的面貌。之前穿于深衣内的裤子皆无裆，只将两个裤管套在腿部，并以带子系于腰间，古称"胫衣"。

本图左侧另有一位身份较高的官吏形象，此人手执旄节，有三段垂穗，头顶小冠（似后来梁冠的冠顶造型，详见本章第三节），大袖长袍，亦着大口裤，应该是赐桃使者或晏婴的形象，该服饰形象与长沙马王堆汉墓出土的軑侯家属形象，以及《列女仁智图》《洛神赋图》，乃至后世宋人李唐绘《晋文公复国图》等有相通之处，是为此类待诏文官的服饰样式（图 2-7）。

再有就是站于使者身后的两位持器仗的侍卫，身上亦着大袖长袍，头上似在平巾帻上另外加罩了一个薄纱笼巾，应为史志所记载的"武冠"，后来随着制冠工艺的发展而演变成了后世魏晋南北朝时期定型的漆纱笼巾（图 2-8）。

由该壁画可知，汉代男装主要有几种形制，其一是袍，即加了衬里（或加絮作冬衣）的外衣。汉袍的特点主要是大袖，领、襟和袖口皆有缘，延续了很久以来的所谓"钩边"传统，袖口较紧窄，衣身宽博，衣领多为右衽交领（左衽者多为少数民族形制），领口较袒，可以露出内穿多层的中衣，内穿的层数越多，表明穿着者的地位越高。袍之色以纯色为主，在领口和袖口多饰以菱形与方格绣纹。承前朝之传统，汉袍也有曲裾与直裾之分，曲裾是衣襟从领至腋下向后旋绕而成的一种战国深衣的遗制，即是所谓"续衽"，穿着时袍裾狭若燕尾，垂于侧后。汉代前中期人们多穿曲裾袍，但由于曲裾衣穿着较复杂，又费布帛，加之有裆裤的盛行，东汉时便以直裾袍为主要服制了。所谓直裾，是指从领曲斜至腋下，然后衣襟直下的一种样式，即如本图所见。直裾在西汉时并不作正服使用，而至于东汉，男子上自贵胄、下至平民多服用之。在袍中内穿的中衣，也称中单，形制多与外穿之袍衫相配，是周代以来普遍穿着的一种深衣的遗式。

其二是襦，一种有夹里的短衣或短袄，如图中武士所穿，《说文解字·

■上图:(图2-7)《二桃杀三
士故事图》中的待诏文官服
饰形象

■下图:(图2-8)《二桃杀三
士故事图》中的侍卫服饰形象

衣部》："襦，若今袄之短者。"又唐代颜师古指出："长衣曰袍、下至足跗；短衣为襦，自膝以上。"襦因其短小，便于劳作，而广受平民欢迎，也有称之为"厮役之服（厮役：旧称干杂事劳役的奴隶，后泛指受人驱使的奴仆）"。

其三就是衫，所谓衫者即是没有夹里的单衣，与袍和襦相区分，而在形制上则与袍和襦差异不大，衫有宽衣大袖的外衫，也有紧身短袖的小衫，多为交领右衽；外衫长至膝，多罩于袍外，而小衫则短至臀部，袖口短窄，多穿于袍襦之内，谓之中单，今衬衫的称谓便由此而来。后来历代，衫又生发出多种样式，如襕衫（古代士人之服，因其于衫下施横襕为裳，故称。其制始于北周，后世沿袭，明清时为秀才举人公服）、皂衫（黑色短袖单衣）、罗衫（以轻如雾谷、薄如蝉翼的纱罗制成的衫子。是一种较贴身的衫式，有广袖有窄袖，领有交领、直领，身长及膝，腋下开叉，比大衫短而贴身，为仕女所好用）、缺胯衫（指在衫的两胯下开衩儿的形制，以利于行动。因此，这种袍衫被作为一般庶民或卑仆贱役等低级阶层人的服装。《旧唐书·舆服志》载："开胯者，名缺胯衫，庶人服之。"又由于甚利军旅、骑射，所以，这种袍衫又为军士所服用）等。

至于东汉后期壁画墓可以内蒙古和林格尔发现的一座砖室壁画墓为代表。壁画中的"乐舞百戏"画面是一个热烈、惊险而又扣人心弦的杂技演出场面：舞刀、弄丸、顶竿、倒立、舞轮……紧张有趣，精彩之极。画面色彩明快强烈，构图活泼自然。虽在黑暗潮湿的墓室作画，难于谨细精描而显得粗率，但是人物的姿态动作却表现得活灵活现，相当传神。画工以简洁、流畅、随意的笔墨描绘出优美活泼的人物形象，使整个画面充满了力量之感，显示出古拙、豪放的艺术气息。

■(图 2-9) 着"犊鼻裈"的
汉代杂技人物服饰形象

由图中的杂技人物中可见上身赤裸，下穿"裈"的服制。裈者是有腰头有裆的短裤，但又与一般的袴不同，因其形似小牛的鼻子，故称之为"犊鼻裈"。《史记》中载曰："司马相如身自着犊鼻裈，与保庸杂作，涤器于市中。"可见裈是下等劳作与杂艺人民的普遍穿着样式（图2-9）。

东汉时期较有代表性的墓室壁画还有河北辽宁营城子壁画墓，壁画绘有死者升仙等情节，而门的两侧绘有持兵器的武士形象，威猛有神，此画以线条粗率而泼辣为特点，然而从中仍可窥探当时武将的一些服饰变化的特征。

▌（图2-10）东汉时期巾帻样式

首先，画中体现了东汉时期巾帻的样式（图2-10）。帻最初是古代社会地位较低的侍从衙役等戴的一种头巾，因不能置冠，只能用布约发。汉元帝时，因其额部毛发粗厚，戴通天冠时头发露在外面影响美观，故开始戴冠时衬帻，一时自朝廷大臣至民间仿效群起，巾帻也就成为朝服的组成部分了。文官巾帻通常为黑色，武吏则戴赤帻，以衬托其威严。有帻无屋（屋即指巾帻包裹头发时所产生的高度）者，表示尚未成年，而帻作勾卷状者，为入学小童所戴。公元8年，王莽当政，因其秃，戴帻不能隆起，于是又在帻上加屋，当时民间有"王莽秃，帻加屋"的谚语。于是东汉以后，帻中屋越来越高。

"续之为耳，崇巾为屋，合后施收，上下群臣贵贱，皆服之。文者长耳，武者短耳。"——《东汉会要》

由此图可见，东汉时的武将巾帻已有较为定型的屋，内似有墙（帻内衬的圆筒状硬质撑垫），帻顶有结，后部有耳，已为后世的幞头奠定了形制的基础。

再者，该武士所着襦和裤的体量也更趋于紧窄，领型为鸡心形，加缘，套头式，且为缺裤的形制，这应当是更适应作战的需要而进行的改制使然。

此外还有河北安平和辽阳北园墓、河南偃师汉墓的壁画以车马出行的场面较有气势；河南洛阳邙山发现的壁画墓，绘有神话形象、冠帻门吏等，色彩明快，线条流利；河南密县的汉墓壁画，绘有车马出行、百戏、庖厨以及地主收租等生活场景，色彩富丽、线条苍劲有力，均是较为工细之作，反映了东汉时社会不同阶层男女人物的服饰，因前后皆有所介绍，故此处不作赘述。

·帛画中的服饰图像

帛画，按照古代丧仪，应称之为"铭旌"。帛画起源于战国中期的楚国，消失于东汉。帛画的发展可分为五个时期：1. 战国中期为兴起期，现有一幅。2. 战国晚期为成长期，现有三幅。3. 西汉初期为鼎盛期，现有十三幅。4. 汉武帝时期为扩展期，现有四幅。5. 西汉末至东汉为衰亡期，现有三幅。

而汉墓帛画保存最完整、艺术价值最高的是20世纪70年代在湖南长沙、山东金雀山出土的三幅西汉早期墓室帛画。

1972年至1974年，湖南省博物馆和中国社会科学院考古研究所在长沙市东郊，先后在马王堆发掘了三座西汉早期墓，墓主为长沙国丞相轪候利仓及其妻刘氏、其子利豨。按发掘时间先后，分别定为一号、二号、三号墓。一号墓帛画呈T型，全长205厘米，描绘人生及美好的理想。内容分天上、人间、阴间三部分。

画幅中部描绘墓主的人间生活片段，刘氏拄杖站在中间，其前有二仆人跪下托盘，刘氏身后有三人扶侍。铭旌上所绘人物服饰多着广袖曲裾曳地长袍，领襟形式虽不清楚，但据同墓出土袍衫实物可知应为交领，随襟旋绕而下，是典型的曲裾深衣的形制，也是汉代妇女最常见的一种服式。汉代深衣与战国时相比，其显著的变化有两点：其一、衣襟转绕身体的层数明显增多，也就是说"续衽"的幅度更大，长度加量；其二、由于幅度的增加，汉代曲裾袍的下摆下外扩展得更大，呈喇叭状。曲裾衣发展到汉代已至其顶峰，究其审美特征有：首先，长可曳地，行不露足，具典雅富丽、雍容华贵的气度，既符合儒家礼制，又非常符合审美心态；其次，着此类服装，腰身必裹得紧窄，较能体现妇女体型之美；再者，较低的领口便于显露内穿的中衣，常可露出三层衬衣的领子，时称"三重衣"，这反映的也是汉服层叠华美的审美倾向。

拄杖缓行的刘氏妇女，头上插戴缀有白珠的饰品，学者们多推断此为"步摇"，这当为迄今所见时代最早的步摇图像资料。再者，除刘氏着锦绣提花纹曲裾衣外，所有侍从皆穿素色袍衫，这也体现了汉代的服饰文化(图2-11)。汉武帝时，儒教思想意识体现于服饰上所形成鲜明的特色，即为巩固统治阶级的政治地位和炫耀他们的生活服务。反映在服饰纹样上，常可见变化多端的奇禽异兽在山云缭绕中奔驰的场景。

三号墓所绘人物女多男少，多着交领、右衽广袖长袍，证实了古代所说的"衣作绣、锦作缘"的事实，而且男女通服，可以说，衣裳联属制式的产生原出自我国战国及汉代，是当时社会上普遍服用的样式。

让我们着重来看其中似为长沙国丞相轪候利仓之子利豨的冠式，此冠较

▌上图:(图2-11)马王堆一号
汉墓帛画中刘氏所着的曲裾袍
服饰形制

▌下图:(图2-12)马王堆三号
汉墓帛画中利豨戴长冠、着曲
裾袍服饰形制

长，形如鹊尾，民间俗称"鹊尾冠"，由此形状而来。据传该冠是汉高祖刘邦任亭长时所戴，故亦称"刘氏冠"。冠高七寸、宽三寸，黑色楚式，形如板，竹为质。自高祖八年开始颁布服饰禁令，曰"爵非公乘以上，勿得冠刘氏冠"（汉爵分二十等级，公乘为第八级）。由此可证，戴这种冠是特殊的荣耀，服用者多为刘氏宗室或朝廷显贵，并以此为祭服，尊敬之至也（图2-12）。

·画像石、画像砖中的图像

画像石，是在石块上雕刻画像而成；画像砖，是在泥坯上模印画像后烧成的砖块。它们是用于墓室或祠堂等建筑的构件。

画像石与画像砖是一种兼具绘画、雕刻或浮雕等因素的艺术形式，比绘制在粉壁上的壁画更能保存长久。汉代的画像石与画像砖，遗存数量最多，内容丰富，艺术手法多种多样，是这一时期重要的美术实物资料，也是这一时期很有特色的服饰研究资料。汉代画像砖石，构图严谨，主题鲜明，技法稚拙简练，其表现手法有纯绘画性的阴刻，有阴线刻划形象的减地平雕，有压地隐起的薄肉雕，也有阴线刻与主体造型相结合的浮雕以及高浮雕和透雕，其中阴线刻与立体造型相结合的浮雕形式占绝大多数。

著名的遗址包括山东长青画像石、山东嘉祥画像石、山东沂南画像石、安徽褚兰汉画像石、陕西绥德画像石，以及四川大邑和德阳的画像砖等。

从画像石和画像砖中看，人物服饰的基本上沿袭着汉代深衣、袍服的形制，并随着社会发展和审美需求的改变而不断发展变化，整体上呈现出逐步演进、不断丰富、不断创新的状态。

在西汉早中期盛行的深衣，到西汉中后期逐渐演变为穿着更为合体方便的袍服，穿着袍服在贵族中逐渐成为时尚。东汉初期，袍服已经完全取代了深衣成为社会各阶层广泛穿用的服饰。到东汉中后期，袍服的形制也出现了多种变化，首先是男女袍服在款式和廓形上已经出现重大的区别，男性仍以宽博为主，女性袍服则越来越走向合体化，为男女服饰在造型上的区别首开先河。东汉后期服饰的发展逐渐融入了自由的元素，出现了上衣下裙、上衣下裤并存的局面，乃至出现短衣、短裤等新的服装样式和着装方式（图2-13）。

"从容好起舞，延袖像飞翮。"——《汉乐府·娇女诗》

汉代音乐舞蹈和杂技艺术的日益兴盛，也促进了女装的发展，如南阳汉画馆中的《廷鼓舞》画中的舞伎，均是发髻高耸，上面插满珠翠花饰，衫裙曳地，长袖细腰。其中的袖子尤其特别，窄而细长，谓之"延袖"或"假袖"，是为后世戏服中"水袖"之始祖（图2-14）。

到东汉晚期，受社会政治混乱等因素的影响，服饰的款式已不再严谨的遵守礼制，服饰的发展逐渐融入了更多的个人因素，服饰款式越来越丰富，越来越个性化，出现了许多新的服饰款式以及服饰组合搭配方式，也奠定了魏晋南北朝相当自由奔放的服饰文化面貌。

西汉时期的冠服制度基本上沿袭了秦代的特点，只是笼统地规定了"士冠，庶人巾"的佩戴制度，没有具体佩戴要求。一直到公元59年东汉汉明帝时才制定了明确的冠服制度，主要对不同等级的官员贵族的祭服、朝服等做出了详细的规定。汉画像石、画像砖中的人物着装更接近当时官方指定的冠服制度，真实地再现了当时各阶层的服饰形象。其中刻画着大量的官员、贵族、文吏、武士、平民等社会各阶层的代表性服饰，他们之间通过不同的冠来区别身份地位、职业等级。

▌(图 2–13) 在东汉后期画像石
中上衣下裤的男子袍服形象

■（图2-14）画像砖中的"延袖"
舞女的服饰形象

在南阳汉画像石《晏子见齐景公》图中，晏子长跪于地上，面前齐景公仰面侧身摆手，所戴即通天冠。在《车骑图》《朝拜图》中，文官多戴进贤冠，并按照汉代冠服制度，通过冠上不同的"梁"数来进一步体现具体的等级差别。这种冠前高七寸，后高三寸，长约八寸，为文职人员所佩戴。又有三梁、二梁和一梁之分，服用对象分别为三梁为公侯，二梁为二千石以下至博士，一梁为博士以下至小吏、私学弟子等（图2-15）。

武官佩戴的冠主要有高山冠、法冠和武冠等，其中以在南阳邓县出土的东汉佩剑执笏武吏画像砖上刻画的武士所戴的加鹅羽毛的平顶武冠，最为流行。该冠又称武弁大冠，是各级武官之定式。侍中、中常侍加黄金珰，附蝉为纹，貂尾为饰，侍中插左貂，中常侍插右貂。

而一般百姓如农、工、商从业者以及仆役等人群则不能戴冠，只能用布包头，称为"巾帻"，以示身份等级区别（图2-16）。然而由于服饰自身材质的原因很难长久保存，汉代服饰除了在防腐水平较高的贵族墓葬中出土很少一部分外，大部分已经湮灭，其中保留下来的也多是贵族官僚的服饰，而社会底层劳动者的墓葬由于不具备防腐条件，已经无从寻觅其服饰实物。

▌（图2-15）画像石中进贤冠的服饰形象

难能可贵的是，画像石和画像砖中保留了大量劳动者的人物形象，为丰富汉代服饰文化的研究提供了重要的资料。这些人物可以依据不同的服饰来进行职业区分。如普通市民、商贩的日常服饰一般以布巾包发，加抹额、穿襜褕，腰部束大带。农民则通常穿着短衣、窄袖、短裤，并依据不同的劳作特点，在造型款式上存在一定差别，表现较为明显的职业特征（图2-17）。

同时部分劳动者的服饰，如商人、女性等群体的服饰出现了较多的款式变化和装饰，体现出劳动者中较富裕群体的审美需求，反映出随着汉代社会经济、服饰工艺水平的发展，使社会底层劳动者的服饰除了基本的实用功能外，已经融入更多的文化和审美因素，在服装的设计和穿用上出现了多元化的需求，服饰呈现出合理化、功能化、多样化、类型化的特点，反映出当时的服饰艺术水平。

▌(图 2-16) 画像石中短襦长
裤猎人的服饰形象

■（图 2-17）画像石中短襦短
裤农夫的服饰形象

汉代服饰艺术历经近 400 年的发展，在社会思想文化和审美意识的影响下，在不同发展阶段呈现出不同的艺术特点，画像石和砖中不同时期的人物服饰之间存在的区别，直观地反映了汉代服饰审美的发展演变过程。

西汉初年，在服饰文化和审美上由于受道家思想以及楚文化的影响，在服饰审美上崇尚朴素简单，体现出严肃拘谨的内敛之美。

到了西汉早中期，受文化思想由汉初的"道法合流"转变为汉武帝时期"儒法合流"的影响，深衣逐渐被宽袍所取代，在服饰上呈现浪漫神秘、宽博雄浑之美，反映出了社会主导思想对服饰审美的重大影响。

西汉中晚期由于文化思想的开放活跃和审美追求的变化，服饰审美进入一个转折期，在服饰上出现了追求实用美观的倾向。东汉时期由于政治腐败、礼制混乱，社会因素对服饰文化影响的减弱，个人对美的追求与创造在决定服饰发展因素中所占的权重越来越大，因此在服饰审美上出现了重大的转变，一改西汉的雄浑简朴、内敛含蓄，转而追求自由个性、轻松活泼之美，

东汉后期的服饰呈现出自由发展的趋势，出现了众多的服饰新类型，成为汉代服饰艺术发展的第二个高潮（图 2-18）。就该画像石所见，东汉女装之袍服逐渐合体化，女袍的腰身更细窄了，而直裾的裙裳则更为宽大，还有缺胯的样式出现，并且此后还衍生出诸多新的变化，服饰风格逐渐由之前的简约、朴实、庄重走向华丽、多彩、轻松。

·雕塑中的图像

从雕塑上看，这一时期也可谓成绩斐然。秦代雕塑有规模庞大秦始皇陵兵马俑，还铸有十二个各重千石的庞大铜人，均可称秦代雕塑之典范。

▌(图 2-18) 画像石中"副笄六珈"
大袖长袍的女子服饰形象

"收天下之兵，聚之咸阳，销以为钟，金人十二，重各干石。"——《史记·秦始皇本纪》

汉代霍去病墓前雕刻组群，可称得上西汉雕塑的代表作之一。高颐墓前昂首挺胸、迈步前进，焕发着力量与壮伟之美的石狮和甘肃武威东汉墓中的铜奔马，都堪称东汉雕塑的不朽之作。

秦汉时期，中央集权的建立、巩固与发展，国家财力与人力高度集中，这为雕塑艺术的繁荣开辟了广阔的前景，堪称中国雕塑史上的第一座高峰。

20 世纪 70 年代，在陕西省临潼秦始皇陵东侧西杨村附近，先后发现了三座规模宏大、埋藏丰富的秦代兵马俑坑，这项重大发现，解开了神秘的秦军铁骑真实的历史面纱，至今仍在发掘和复原进程中。

在总体布局上，兵马俑利用众多直立静止体的重复，造成排山倒海的气势，使人产生敬畏而难忘的印象。在雕塑风格上，兵马俑造型崇尚写实，手法严谨；比例准确，姿态自然；性格鲜明，形象生动。作俑者忠实而准确地刻画出每一位人物的形貌和特征，其高度的写实技巧和朴素的创作态度，都是前所未有的。在塑造方法上，基本上是塑、模兼用，大的部件统一模制，头部、手、臂等分别塑造后而安装成粗胎，然后运用传统的塑、堆、捏、刻、画等技法进行精细的塑造，最后经过窑烧，再施彩绘（现已大都脱落）而成。

秦兵马俑的发现对今人了解秦代军戎及其他服饰特征意义重大。兵马俑中人物服饰主要有三类：一是甲衣，穿在最外层的护身服装；二是襦衣，襦即短衣，短袄，较之袍短；三是裤，有长、短两种样式；此外就是发式、冠和履。

秦军的甲衣根据级别和兵种有着显著的区别：一种是用整块皮革制成，嵌坠铁片或犀牛皮甲片，并有彩绳花结；另一种是由甲片直接联缀而成，在

(图 2-19) 秦兵马俑中的甲片
直接联缀的步兵服饰形象

人体的要害部位局部起到保护作用（图2-19）。

秦人襦衣的基本样式相同，都是交领大襟，有长短之分。衣的下摆齐膝者为长襦，位于膝以上者为短襦，齐腰者为腰襦。高级军吏着双重长短襦，中下级武士着单层长襦。襦衣的领子较有特色，为大襟右衽（左压右）交领，时有一侧的翻领样式出现，襦领颈间还有长围巾。

兵马俑中的裤子也有长、短两式。中高级军吏多穿及踝长裤，且紧收于足踝处，用束带，兵士多穿短裤，仅能盖住膝盖，脚口宽敞，形状多样（图2-20）。

秦人对于头发视若生命，因此对兵马俑头发的刻画细致入微。秦人发髻主要有圆髻和扁髻两种。圆髻多为轻装步兵，由三股发辫编成，偏于头顶右侧，此秦代特有。扁髻多见于军吏、骑兵和铠甲武士中，由六股发辫编起，结于脑后。

与头发一样，秦人对胡须的修饰也颇为讲究。自秦汉始，中国男子留胡须是成年的标志，更是美男子的象征，所谓"美髯公"也。主要有络腮胡和八字胡两种样式，造型各异，有下垂式、上翘式、犄角式、矢状式、板状式等（图2-21）。

秦兵马俑的问世丰富了今人对秦代服色的认识，其实秦人服色靡丽，多有粉绿、朱红、粉紫、天蓝等明快的色调。秦人在领口、襟边、袖口等处都镶有彩色缘饰，色彩对比强烈。束发和冠带的颜色也以朱红或橘红为主。

汉代俑偶主要有木俑和陶俑，出土地以湖南、湖北、陕西、河南、江苏、四川等地较为集中。按身份、性质的不同，可分为贵族、官吏、侍从、兵士、奴仆、乐舞者等几大类。

从中可见，汉代男子以袍服为贵，一直被当成礼服。其基本样式以大袖

为多，袖口部分有明显的收敛，领、
袖都饰有花边。袍服以袒领为主，多
见交领，穿时露出中衣，一般裹以巾
帻或在巾帻上加戴进贤冠。这种袍服
是汉代官吏的普通装束，不论文武职
别都可穿着。

曲裾绕襟深衣是贵族妇女的常
服。凡穿这种服饰的妇女，一般都
腰身紧裹，既为防风，亦彰显雍容
华贵的身材。上襦下裙的襦裙样式，
也为贵族女子所喜爱。这种服饰在战
国时期就已出现，汉代因袭不改。汉
乐府诗中就有"长裙连理带，广袖合
欢襦"的句子描绘它。它的样式一般
是上襦较短，仅及腰际，而裙子很长，
下垂可及地。

襦裙是中国妇女服饰中最主要
的一种形式，东汉以后，曾一度减少，
到了魏晋南北朝又重新流行，从此兴
盛不衰，直至清代、民国而及今。尽
管襦裙的长短、宽窄、质地时有变化，
但基本形制仍保持着最初的样式。

▌(图 2—21)秦兵马俑中的头部
发髻与不同胡须造型的形象

汉代初期的墓葬中几乎没有发现过陶俑，最早的汉代陶俑是出现在汉文帝、景帝期间。随着从年代的推移和陶俑的不断发现来看，汉代陶俑的高峰期是在东汉末年。以塑像内容角度出发来观察比较西汉和东汉的陶俑，可见其显著的区别，说明汉代陶俑的造型艺术也正是因此而形成了各自迥异的特点。

西汉陶俑并不像东汉陶俑那样着力表现市井生活的人群，而是将主题局限在贵族的奴仆这样一个狭小的范围里。人物的主要身份是侍从、婢女、武士之类，而其中最突出的是婢女们的形象（图2-22）。

东汉陶俑可说是纯为世俗生活中的众生塑像。艺术手法细腻而不失于琐屑，造型生动，富于生活气息而不流于自然主义。尤其是有些作品中恰到好处的夸张与丰富想象力的结合，使它们成为在今天看来也具有经典意义的艺术样式。

东汉陶俑中最为引人注目的杰出作品就是四川成都天迥山崖墓出土的说唱俑。这是一位民间说书艺人的生动形象，他体态肥胖，右手扬起鼓锤，左臂环抱一鼓，右脚高跷，边说唱，边击鼓，似乎唱到最精彩最动人有趣之处，于是得意忘形，手舞足蹈，甚为滑稽活泼。该陶俑中人物头裹巾帻，前低后高，结于额前，上身赤裸，上臂处挂珠串，下穿长袴，赤足（图2-23），与西汉时期的艺人服饰在巾帻和下裤上又有了些许差异。

驮蓝山楚王夫妇陵中出土了一套完整的歌舞组合俑，舞女长袖飘飘，步履婀娜，乐手吹拉弹奏，余音袅袅，表现了西汉楚国宫廷轻歌曼舞的场景。组合俑中既有抚瑟弹琴的弹拨俑，又有吹竽笙的吹奏俑和演奏钟磬合鸣的打击俑，更有广衣博袖，扭曲摇曳成S型的长袖临风的舞女俑。

早前有传于河南洛阳金村战国韩墓出土的一对舞妇女，是成组列佩玉的一部分。佩中舞女衣着袖长而窄，袖头另附装饰如后世戏衣的水袖。领、袖、

▌(图 2-22) 东汉陶俑中婢女的
服饰形象

▌(图 2-23) 东汉陶俑中说唱艺人
的服饰形象

下脚均有宽沿，斜裙绕襟，裙而不裳，用大带束腰，和楚俑相近。额发平齐，两鬓（或后发）卷曲如蝎子尾，商代玉雕女人已有相同的处理（图 2-24）。

至于汉代的其他雕塑作品，不得不提的是出自西汉中山靖王刘胜妻窦绾墓葬的青铜灯——长信宫灯，严格而言这件塑像属灯具范畴，但因其是以人物塑像为造型，作跪姿宫女执灯形，故亦可作为西汉雕像的典范之作。整个青铜雕像由头部、身躯、右臂、灯座、灯盘、灯罩六个部件组装而成，可以拆卸，而且灯罩可以开合，灯盘还可以转动，以便调节光束的大小和照射的方向。灯火的烟臭通过宫女的右臂内积聚于器身内腔，可以减少灯烟的污染而使室内保持空气洁净。宫女形象的塑造，写实而传神，姿态自然，表情含

（图 2-25）青铜"长信宫灯"
所呈现的汉代宫女服饰形象

蓄。这一既是方便实用的灯具，又具有欣赏价值的艺术品，充分显示出作者高度的智慧和卓绝的艺术意匠，堪称青铜塑像的出类拔萃之作（图 2-25）。

/结 语/

由本章所列的壁画、帛画、雕刻、画像石和画像砖中，可以体会到，秦汉文化是在战国百家争鸣、学术繁荣的基础上进一步提炼和综合而来的，形成了西汉初年的黄老学说、西汉中期的新儒家学说，东汉时期在神仙家、道家学说的基础上又产生了道教。四方交融，雍容为大。蓬勃的时代、新鲜的思想刺激着秦汉时期的艺术家，他们为秦汉帝国雄伟而繁荣的气象所陶醉，大多怀着一种未曾有过的喜悦、激动和自豪的心情运用不同的手段予以描绘和表现。

这些图像或通过夯土、砖瓦，或通过雕刻、拿捏，或通过动作、技巧，或用线条、色彩，或运用造型、装饰，共同抒发出艺术创作者的精神体验，表现出时代的风貌，这些表现时代精神的特殊手段就是艺术的形式。秦汉艺术也正是从这一时代的绘画、雕塑、建筑、工艺等方面得以充分体现，这些秦汉艺术都为我们留下了当时丰富的服饰图像。

而这些图像也为我们娓娓讲述两千多年前第一个统一的、多民族的封建王朝的服饰面貌，以及随后三百多年汉族先民的衣装脉络。她与那个时代的艺术一样，既雄浑大气，又丰富多彩，既仪态端庄，又生动飘逸，是为源远流长的中华服饰文明之血脉正宗。

第三章 —— 三教合流的大潮

魏晋南北朝的服饰图像

■

　　公元 2 世纪初，东汉皇室衰落，在各地豪强镇压黄巾军起义的同时，中央集权的政体也已分崩离析，门阀混战的局面历经三国鼎立一直延续到西晋的短暂统一。随之而来的又是以反晋为名的战乱，少数民族豪酋混战，五胡十六国局面形成，从此中原以长江为界，南北对峙近三百年，史称魏晋南北朝，直至 6 世纪末为隋文帝杨坚所统一。

　　魏晋南北朝是中国历史上政权更迭最频繁的时期，长期的封建割据和连绵不断的战争，使这一时期中国文化的发展受到了特别的影响。其突出的表现在于玄学的兴起、佛教的输入、道教的兴盛及波斯、希腊文化的羼入。在从魏至隋的 360 余年间，以及在三十余个大小王朝交替兴灭过程中，诸多新的文化因素互相影响，交相渗透，逐渐形成儒、道、佛三教合流的趋势。

　　这个时期虽然战乱不断，但却滋养了士族阶层的兴起，他们多有传世的教养，充足的时间，优越的生活条件，在政治、经济上都享有特殊的权利，为他们从事艺术创作，著书立说创造了良好的环境，而动荡的政局也从另一个方面提供他们自由的艺术创作空间。

　　这些名士们崇尚自然、率真任诞、言词高妙、超然物外、风流自赏，"托杯玄胜，远咏庄老"、"以清淡为经济"，喜好饮酒，不务世事，以隐逸为高远，从而造就了中国文士的"魏晋风度"，作为当时士族意识形态的一种人格表现，成为当时的审美理想，也形成了中国服饰历史中独树一帜的男装面貌。

　　同时，士大夫艺术家们又无不积极参与书画活动，极大地推动了当时的文化艺术的大发展，尤其是各种绘画著录又有条理地记载下了他们的事迹，介绍了他们的画艺，也为我们留下了珍贵的服饰文化之图像史料（多为后世摹本）。

▋(图 3-1)印度马图拉贵霜王朝
时期立佛与座佛

马图拉是贵霜王朝（公元 1-4
世纪）的宗教与艺术中心之一，
也属于东西方文化交汇的地区。
马图拉美术经由克什米尔传播
到中亚和中国。

这个时代也是佛教在中国史上最兴盛的时期，仅东晋一百多年间，寺院建立就达 1700 余所，而北朝全国的佛寺竟有三万余所之众，遍布全国的庙宇无疑推动佛教艺术的创作达到了一个高潮。此时正值印度王朝的佛教美术大盛，印度佛教美术西来，不断为我国绘画艺术家所吸收，成为当时佛教绘画的主流。其中尤以曹仲达的"曹家样"为典型代表，"其体稠迭，而衣服紧窄"的样式即是他将印度佛教美术有机融化在其绘画艺术中的表现（图 3-1）。又有记载张僧繇"四门遍画凹凸花"，称张僧繇手迹，"其实乃天竺遗法"可证。

当时大规模出现的佛教塑像、石窟壁画和卷轴画等，无不宣扬佛陀的普渡众生、佛法无边。通过图画形象，使人们相信佛教教义，以期最终达到有如南朝宋文帝所说的"若使率土之滨，皆纯此化（指佛教化），则吾坐致太平，夫复何事"的目的。

道教绘画虽不如佛教绘画兴盛，但其地位也不容忽视。从姚最《续画品》有"画有六法，真仙（即道像）为难"之说，到画论著述所载这一时期的卫协《神仙画》、史敬文《黄帝升仙图》、谢赫《安期先生图》、萧绎《芙蓉湖醮鼎图》之类来看，可知当时道像画也已成熟，与佛像画共同成为一个独立的人物画科——道释画（图3-2）。

十六国时期，各族人民长期混居中原地带，一方面引发了激烈的民族矛盾与斗争，而另一方面又促进了各民族文化艺术的大融合，这在绘画艺术方面表现在多种造型样式的审美共存上，这种多样化的面貌可由考古出土材料、

（图3-2）《十八宿神形图卷》局部

▌(图 3-3)《洛神赋图》中的
曹植及其侍从的服饰形象

历代画论及传世摹本中得到印证。而这种面貌在此前的先秦两汉时期不论在
文献史料还是其他绘画形式中都不曾出现过。推究其成因，当在于魏晋南北
朝时期的总体人文环境特点是多元化的和自由的，这正是绘画艺术得以蓬勃
发展的肥沃土壤。

在这样的历史文化背景下，南方人民在原来汉服的基础上，吸收了北方
少数民族的优点，将服装裁制得更加精美，局部能够更加合体，而先秦以来
的部分服装样式（如曲裾深衣制等）在民间逐渐消失，西北地区的少数民族
"胡服"，则成了社会上普遍接受的装束。

在帝王、文武百官及宫廷内服装方面，则仍承袭秦汉时期的礼仪服冕制度。最有影响的就是北魏孝文帝的改制行动。在孝文帝的大力提倡和推广下，汉文化的服饰制度成为朝庭祭祀典礼及重大朝会时的专用服制，从而使得汉文化的服饰冠冕制度保留下来，并影响后世，直至明末（图3-3）。

从人物画的角度看，顾恺之《论画》中所述"传神写照"，就特别注重揭示对象的精神意向和表现对象的特定性格，描写人物的品格风度，这种发展变化无疑与当时盛行的品藻人物的风气相一致。此外，作为齐梁时上流社会奢华侈靡的生活在绘画上的反映，也出现了谢赫"丽服靓妆，随时变改，直眉曲鬓，与世竞新"和稽宝钧、聂松的"赋彩鲜丽，观者悦情"一类的新题材和新风格。刘项的绘画以"妇人为最"，沈粲"专工罗绮"，都是时代风尚的产物。与绘画的遥相呼应，服饰的变异和宽松更是无以复加。

"丧乱以来，事物屡变，冠履衣服，袖袂财制，日月改易，无复一定，乍长乍短，一广一狭，忽高忽卑，或粗或细，所饰无常，以同为快。"——《抱朴子·讥惑篇》

这段记述既反映了当时服饰样式的变化无常，又体现了当时以时尚、流行和奇特为美的审美观念。魏晋时的男子服饰以广袖大衫为主，袖根收窄，右衽、交领，衣长及地，露出当时流行的"高齿履"。而当时的贵族女装皆衣袖肥大，裙长曳地，腰束抱腰，丝带飘飘。魏晋妇女流行梳双鬟、环鬟和高髻等，髻后垂鬓，与之相配的服饰为"杂裾"袍衫，皆与时代风尚息息相通（图3-4）。

■（图 3-4）《洛神赋图》中的
女性服饰形象

· 卷轴画中的服饰图像

《女史箴图》

随着这一时期文人士大夫们对精神生活愈来愈高的追求和各个文化种类之间的互相影响，绘画题材种类在原有的基础上日益扩大，并开始向分科发展。人物画方面，出现了后人所谓的"晋尚故实"的情况。故实画除了描写"鉴戒"作用的两汉以来的传统题材，如《女史箴图》而外，还有的取材于文学作品，如卫协画《诗·北风图》，顾恺之画《木雁图》《洛神赋图》，史道硕画《酒德颂图》，戴逵画《南都赋图》等。

西晋初惠帝时，贾后南风专权，多行不义，张华"学业优博，辞藻温丽"，曾作《女史箴》宣扬封建妇德，以为讽谏，全文共334字，当时被认为是"苦口陈箴，庄言警示"的名作。到了东晋，顾恺之以此为题，作《女史箴图》卷。原有十二段，现存九段，每段书有"箴"文，卷首有乾隆题"顾恺之画女史箴并书真迹"，卷末有"顾恺之画"款，或为后人添加。此图乃中国绘画史上历史悠久、流传有绪的名迹，自北宋以来，关于此图有顾氏真迹、晋人画、唐摹、宋摹诸说，还有学者认为该图是北魏孝文帝时期的宫廷绘画作品，以及产生时代绝不可能早于北齐之说。至于图中箴文，则有出自顾氏以及宋高宗或唐人等看法，可见分歧较大。

本图现可见人物共四十位，男十七人、女十八人、孩童五人，有名有姓的即汉元帝刘奭。就本卷所体现的服饰内容而言，原图作者（或摹者）意欲再现的是汉代的服饰面貌，一方面可"借古喻今"，另一方面又得魏晋时盛行的仿古、拟古之风影响。然而，本卷的一些细节处还是透露出魏晋时期的服装特色。

(图 3-5) 北魏司马金龙墓室
漆画中的女性服饰形象

其一，卷中女史，大多上身着襦，下身穿裙，或裙、裳合一，领式多为交领，腰间系带，或加抱腰（围裳），束腰较紧，上俭下丰，衣身部分紧身合体，袖根收窄，袖口肥大，裙多褶裥，裙长曳地，下摆宽大，领裳皆有缘饰。这些形制或与两汉时期差异不大，但是衣裙间时而飘举的帛带却是在此前图像中所未见的，有的似披帛（丝巾）、有的是腰带、有的如裙脚、有的像裙摆。这就是在魏晋时期典型的"杂裾"服饰样式，既与"魏晋风流"中崇尚自然、超然物外、率真任诞的整体时代审美意识相关，也与当时在两汉女服基础上发展而来的服饰演变特征相符，多次出现于同期的各类图像中（图 3-5）。

其二，卷中第六段描绘了夫妇、妾侍围坐，三个小孩绕膝嬉戏，箴文的意思是后妃不妒忌则子孙繁多。其中两个儿童所穿的类似"袙（帕）腹"或曰"裲裆"的服装样式，结构非常清晰，是为当时典型的男女老幼之通服（图 3-6）。

　　"袙（帕）腹"、"裲裆"原本皆为内衣，汉代刘熙在《释名·释衣服》中称"帕腹，横帕其腹也。抱腹，上下有带，包裹其腹上，无上裆者也。心衣抱腹而施钩肩，钩肩之间施一裆，以奄心也。"王先谦在为《释名》所作的《疏证补》中说："奄、掩同。按此制盖即今俗之兜肚。"由此可知，汉代就有此称谓之内衣。

　　然而至于魏晋南北朝时期，在这种衣制的基础上结合裙裳，发展而出可以穿于上装襦衫之外的类似连衣裙的下装来，这一服装样式亦可见于《北齐校书图》中的士大夫身上。

　　其三，卷中的侍卫与舆夫头戴的冠式虽仍有汉代武士侍从所戴武冠的影子，但其高度和尺寸显然已是另一种形制，谓之"漆纱笼巾"。漆纱笼巾是一种在硬质网纱胎底着黑漆的帽子，用以遮掩发髻与巾帻。而与此冠相配的则有短襦与长袍两种，皆为右衽、交领、加缘饰，地位高者服长袍，较低者则着短襦。舆夫的短襦下穿大口袴，或不穿，脚穿浅口履（图 3-7）。

▌（图 3-6）《女史箴图》中儿童所穿的裲裆、袙腹

■下图：（图 3-7）《女史箴图》
中舆夫的服饰形象

■上图：（图 3-8）《女史箴图》
中猎人的服饰形象

最后，卷内第三段绘有一位猎人正在举弓搭箭、射猎于山林间的场景，而其双丫的发髻，也是魏晋时才开始流行于男性发式的（图3-8），同可见于《竹林七贤与荣启期》的墓室砖刻中，着一身短襦短袴的样式。

《洛神赋图》

传为顾恺之所作的《洛神赋图》（存北京故宫博物院等多处，大多为宋代摹本）是根据曹植的同名文学作品，采用连续图画形式画成的长卷。画卷通过反复出现曹植和宓妃（洛神）的形象，描绘他们之间的情感动态，形象地表达了曹植对洛神的爱慕和因"人神之道殊"不能如愿的惆怅之情。从绘画的角度看，无论哪件存本，皆无法与《女史箴图》的艺术水平相提并论，然而其中辽宁博物馆藏的宋摹本在一定程度上最能保留顾恺之艺术的若干特点，千载之下，亦可遥窥其笔墨神情。据此可知，其粉本应来自顾恺之的原作，同时，该画作间透露的服饰信息或可让我们了解魏晋时期贵族阶层服饰的一些特色。

魏晋上层男服，很大程度上延续了汉代服制，皆服右衽、交领、衣长及地的大袖衫，衣领与袖口处也加缘饰，腰间围裳，或"蔽膝"。所不同的是，袖口不再收拢，而是直接顺着袖肥直下而大敞；另外所穿的舄履前端伸出袍衫之外，高高翘起，谓之"高齿履"；再者，文武宦吏皆头戴高耸的"漆纱笼巾"，与汉时已大为不同了。由此三点差异，亦可见魏晋之翩翩风度于一斑，如图中曹植及其随行宦吏（图3-9）。

当时虽然也有依据汉礼而定的服制，如《晋书》曰："天子服绣文，公卿服织文"等，但多由于时局动荡，国土分裂而无法严格施行。一时竟有穿

▌(图 3-9)《洛神赋图》中的
随行武吏

▌(图 3-10)《列女仁智图》
中的女性服饰形象

奇装异服的风气盛行，如魏明帝召见大臣时会穿白纱短袖对襟短衫（即后来于隋唐流行的"半臂"女衫），惹得朝中大臣杨阜质问，您穿这种服装，左右应该用哪种礼法呢？

而卷中贵族女子所着也就是前文所述的"杂裾垂髾"服制，这种样式本始于汉代的"袿衣"（在袍底露出尖角状的裙裳），有"扬轻袿之绮靡"的描写。而到了魏晋时，谓之"襳"，将中单衣衫的下摆裁制成愈加修长的三角形，上宽下窄，从围裳中伸出长长的飘带，走起路来，若燕飞舞，魏乐府对"襳髾"的记载十分精彩。

"伸袖见素手，皓腕约金臂。头上金爵钗，腰佩翠琅玕。明珠交玉体，珊瑚间木难。罗衣何飘飘，轻裾随风还。"——《魏乐府》

同样的服饰还可见传为顾恺之的《列女仁智图》中（图3-10）。

《斫琴图》

《斫琴图》，绢本设色，纵29.4厘米，横130厘米，北京故宫博物院藏。相传也是顾恺之所作，卷上钤有自北宋以来内府的藏印，说明流传有绪，现藏北京故宫博物院，应为宋代摹本。作品描绘了古代文人学士制作古琴的场景。在中国绘画史上，有许多与古琴有关的作品，著名的如《竹林七贤与荣启期》砖印模画、宋徽宗的《听琴图》、王振鹏的《伯牙鼓琴图》等，画中人物或弹琴，或听琴。而内容为制作古琴的画作，迄今仅见一幅，这就是《斫琴图》。

整幅画面共有十四位人物。他们或挖刨琴板，或制作部件，或造作琴弦，或上弦听音，或旁观指挥，还有几位侍者执扇帮忙。画中人物服饰、器具，

■(图 3-11)《斫琴图》中的
　大袖文士服饰形象

■（图 3-12）《斫琴图》中的
制琴匠人服饰形象

都具有南北朝时代的特征。南朝开国皇帝宋武帝系武将出身，不重礼法变革，舆服制度多因袭前朝，皆如魏晋之制，且历代南朝政府都力防社会奢侈之风。北朝则发展变化较大，尤以"裤褶服"和"裲裆衣"为其特色。

就本图文士及书童服饰所见，皆为袖口宽敞，衣身肥大，符合《宋书·周郎传》中"凡一袖之大，足断为二；一裾之长，可分为二"的描述。凡文士头顶多为各式小冠（也称束髻冠），是一种束在头顶的小冠，小冠多为皮制，形如手状，正束在发髻上，用簪贯其髻上，用緌系在项上，武官壮士则多饰缨于顶上，称为垂冠，初为宴居时戴，后通用于朝礼宾客，文官，学士常戴用。而书童则多为双丫髻（图 3-11）。

两者的下身均着裤，脚口宽大，文士之上衣下裤间，皆围裙裳，是为正服，否则为无礼。而在书童或劳工所着的裤上均可见缚（系于膝下，小腿肚上），这是因为南北朝的裤有小口裤和大口裤，以大口裤为时髦，穿大口裤行动不方便，故用三尺长的锦带将裤管缚住，称为"缚袴"，同样的款式亦可见于《洛神赋图》中。就此可知，这两幅图未必是东晋时顾恺之的作品，可能是后人故意将南北朝时期的同名画作，傍以画坛圣手，讹传至今（图 3-12）。

《北齐校书图》

《北齐校书图》，本卷绢本设色，现藏美国波士顿美术馆。画北齐天保七年（公元 556 年）文宣帝高洋命樊逊等人刊校五经诸史故实。图中画三组人物，居中者士大夫四人坐榻上，或展卷注思，或执笔书写，或欲离席，或挽带留之，神情生动，细节描写，俱尽精微。榻上杂陈圆足砚、酒杯、果盘、琴具、投壶。榻旁围列女侍五人，或展书，或抱懒几，或拥隐囊（一种软性

（图 3-13）《北齐校书图》中的
文士服饰形象

靠垫），或提酒卮，俯仰转侧之际，顾盼生姿。居右一组，为一要员坐胡床上，据随员所持纸卷奋笔疾书，其周围另列随员三人，女侍两人。居左一组，为奚官三人，马两匹，一灰一黑。

该图用笔细劲流动，设色简易标美，虽似带宋人影响，但与北齐娄睿墓壁画画风颇多相近之处，专家一致认为是北宋以上的摹本。据宋黄庭坚《画记》、黄伯思《东观余论》等书记载，《北齐校书图》在宋代即有白描与设色不同摹本。黄伯思以所见洛阳王氏藏本为北齐杨子华画。此图虽不能确定底本出于杨子华，但对于了解北齐时期，特别是北方上层人士的服饰内容，不失为有价值的资料。

由本图所见榻上文士的中衣可见一如《女史箴图》中儿童所穿的"袙（帕）腹"服饰，不同之处在于穿着方式，文士皆直接贴身穿着。结合画作背景可知，它是作为一种内衣来服用的，并于上身再披一无袖、有缘饰的披肩，作为配套，披肩亦有两带相缚，头上用黑色素巾束发（图3-13）。

再看画中其余男子服饰，已是一派北朝男服的面貌。不论头上梳双丫髻，还是单髻束巾、头巾裹发（即后来"幞头"的雏形），抑或头顶风帽者，皆穿相交翻领、右衽、窄袖、衣长及踝的长袍，袍内着裤，下蹬乌皮靴，腰系革带，带佩鱼袋。这是因为魏晋以后，北朝范围受北方游牧少数民族服饰影响，其形制已深入汉族官宦庶民的服饰系统中，这是三教合流的时代大潮产物，也为后来隋唐时期男服的样式奠定了基础。至于文人雅士，则多游离于此之外，仍以汉服传统为宗脉，因循守旧，置身事外，南朝疆土与此大同（图3-14）。

最后，就侍女们的服饰形象可见，较之魏晋时期也已发生了类似男装的形制变化。其一，发式较之前朝已大为缩小，分出多股，紧贴上梳，束为单髻或双丫髻（男女通用）；其二，多身着襦裙，右衽交领，襦袖紧窄，裙腰极高，近于胸高线（与北齐张肃墓出土的一个妇女陶俑相同），襦束于裙内，肩部或披一巾帛，系于胸前（是为隋唐披帛之雏形）；其三，裙裳曳地，于裙底露出高齿履来。由此可见，在文化交错、民族交融的社会大环境下，女装的传统业已发生了剧烈的变异，广衣博带的汉服形制在北朝领土正在悄然消逝（图3-15）。

■(图 3–15)《北齐校书图》
中的男女服饰形象

· 壁画中的服饰图像

北齐娄睿墓室壁画

在上一节中，我们已经看到了汉服传统所受到的极大挑战，在山西省太原市晋祠王郭村出土的北齐娄睿墓室壁画，更真实地为我们打开了那扇历史之门。正如著名画家吴作人的评价："北齐东安王娄睿墓的发掘，使千百年来徒凭籍志，臆见梗概的北齐绘画，陡见天日……至于壁画之工拙，揆其简练肯定，运笔收纵，承两晋而启隋唐。"的确，不论在绘画上，还是服饰中，北朝都是承前启后不可或缺的重要一环。

从绘画上说，该壁画堪称北朝晚期的代表作。至于画作者，有北齐"画圣"杨子华之说，即便不然，其亦继承了顾恺之以来"以形写神"的人物表现技法，既沿袭汉墓壁画单纯粗犷的风格，同时又运用色彩晕染、明暗映衬、远近对比的手法，使形象更具立体感和真实感，无疑是在佛教艺术的基础上达到了新的高度。

再就服饰而言，画中男子皆以黑纱巾裹髻，形成了较为硬挺的钟形，覆于头顶，后垂长脚，较之《北齐校书图》中的软质裹头更进了一步；其次，已出现了与隋唐时期完全一致的"圆领袍"样式，即袍领是圆形，加滚边，左右衽皆有（左衽更代表为少数民族传统），衣长至小腿肚下；再者，袍服腰间所系革带，较之《北齐校书图》中的也更加宽厚硬实，带上已镶带銙（是附于腰带上的装饰品，用金、银、铁、犀角等制成），这也是为隋唐男服的形制奠定了基础，如史有载"至唐高祖……一品、二品銙以金，六品以上以犀，九品以上以银，庶人以铁"（图3-16）。

▌(图 3-16)北齐娄睿墓室
壁画中的男装形象

北齐徐显秀墓室壁画

2002年，徐显秀的墓葬在太原市迎泽区王家峰村一处果园内被发现，此次考古发现丰富了我们对当时服饰历史原貌的了解。

徐显秀画墓是目前国内保存最完好的北齐时代壁画，壁画画功极为精美，栩栩如生，所绘人物基本与真人同高，绘画内容为武安王徐显秀出巡归来的盛大场面，人物包含有徐显秀夫妇两人、车马仪仗队以及胡人侍卫多人，真实地反映了北齐时期宫廷生活的面貌，并且体现出南北朝时期民族大融合的服饰盛况。

徐显秀墓葬壁画气势恢宏壮观，形象生动写实，色彩斑斓如新，与娄睿墓、湾漳大墓壁画齐称中国美术史上的杰作。而徐显秀墓又与它们在绘画风格和技法有所不同：壁画用笔简炼快速，人物动态造型逼真，隐然可见透视之意，似乎已谙写生之法，颇具速写之髓。墓道壁画尤其如此，在粗糙墙面上，用笔有如行云流水，不起稿而一笔到位，挥洒自如，而且几乎未见修改痕迹。另一个特点是，画家对某些装饰图案的描绘，未使用当时的通常手法，先勾出轮廓再填以颜色，而是直接用色笔点染成形，显然亦是受"没骨法"的佛教艺术绘画影响使然，这种画法亦可见同时期的敦煌佛教壁画中。

从服饰上看，多数男子的头巾形制、衣长廓型、袖肥宽窄、腰饰、乌皮靴等大致与娄睿墓室壁画中的一致，只是从外袍的领型看又清晰可见另一类有别与圆领袍和翻领袍的制式，此类袍为无缘饰的交领，右衽，内穿圆领的衫子，以起到中衣的作用（图3-17）。再者还可见数种小冠和裹巾的形制，丰富多姿。而宫女着装则与男子形制大同，尤其是圆领衫、交领袍几与男装无异，而区别在于，除了袍上织有团窠纹样外，还常在袍外罩一件或长度及

■下图：（图 3-17）北齐徐显秀
墓室壁画中的男子服饰形象

■上图：（图 3-18）北齐徐显秀
墓室壁画中的宫女服饰形象

■（图 3-19）《五百强盗故事图》
中的盗贼服饰形象

膝，或及袍底的窄袖对襟开氅，长者或有缘饰（图 3-18）。这一墓室壁画
的发掘无疑进一步完善了今人对北朝时期宫廷服饰的认识。

敦煌莫高窟壁画

说到壁画，不得不提到始建于十六国的前秦时期，历经北朝、隋、唐、五代、
西夏、元等朝兴建，体量巨大的敦煌莫高窟壁画。这是世界上现存规模最大、
内容最丰富的佛教艺术圣地，同时也是研究中国古代服饰演变史的博物馆。

▌(图 3-20)《五百强盗故事图》

中的官兵服饰形象

▌(图 3-21) 北魏时期供养人的
　贵妇形象

在敦煌莫高窟 285 窟壁画中有《五百强盗故事图》，自东而西，以五人代表五百人。初为强盗与官军骑兵战斗；次为强盗被俘，挖眼；再次为被挖眼的强盗在山林中痛苦万状；又次为香风吹药入眼，双眼复明，皈依佛教等。从强盗的装束看，头顶以巾子裹住发髻，有较长飘带，身着圆领、对襟、短袖、短襦，腰间束带，这与骑兵"裲裆"甲衣内穿的襦衫几无差异；下穿缚袴，小腿处有似绑腿，多赤足（图 3-19、图 3-20）。

此外，在敦煌莫高窟 288 窟壁画中还绘有北魏时期穿大袖衫、间色条纹裙的贵妇及其侍从（供养人形象），可见当时富家女装的形制面貌。值得注意的是，除了大袖短襦以外，较之魏晋时期的襦裙又有了一定的变化：其一，在于短襦中已出现了对襟的形制，束于裙内；其二，襦内着圆领的衫子；其三，裙裳是彩色竖条相间的样式，这在反映初唐服饰的《步辇图》中亦可见宫女穿着。

由此图或可填补从汉末魏晋，至北齐隋唐，北方中原地区服饰面貌变化的过渡环节，让我们了解如何逐渐从交领向圆领，从斜襟向对襟，从

（图 3-22）兜鍪裲裆甲武士俑的服饰形象

大袖向小袖的转变的。同时还可见，一般地位越高者，衣袖更广、袍幅更长的汉服传统（图3-21）。

· 雕像中的服饰图像

兜鍪裲裆甲武士俑

在魏晋南北朝的墓室中出土了较多文武官员及宫女侍者的陶俑，现存于国内外各大博物馆中，现列出其中所体现的一二服饰形制来进一步丰富我们对这个服饰多样性时代的认识。

在日本京都博物馆有一尊北魏加彩陶俑，头戴兜鍪（即头盔）、身披裲裆铠甲、下穿缚袴的武士，袖口略大。该陶俑与《五百强盗故事图》壁画中的宫军甲胄略有差异（图3-22）。

在此需要详述一下"袴褶服"。这原是北方游牧民族的传统服装，上衣为褶，比襦略长的上衣，袴即裤子，男女均穿。北朝的袴褶除了北方少数民族的普遍服饰外，基本上用作戎服，也可作为马上之服；其裤舒散者可作为便服使用，是北朝服饰的一个特点，通身红色的袴褶又叫"红袴褶"，为皮制。

北朝以后，受北方少数民族尚武、善骑射、从戎、打猎的影响，袴褶服逐渐被南、北方汉族官宦庶民采纳，并在此基础上百官的朝服将袴的裤口放大，褶的袖口加宽，右衽改成左衽，即其基本款式为上身穿齐膝左衽大袖衣，下身穿肥管裤。

《魏志·崔琰传》记载，魏文帝为皇太子时，穿了袴褶出去打猎，有人谏劝他不要穿这种异族的贱服；而到晋朝裤褶就规定为戒严之服，天子和百官都可以穿；《宋书·帝纪》说，宋后废帝就常穿裤褶而不穿衣冠；《南史·

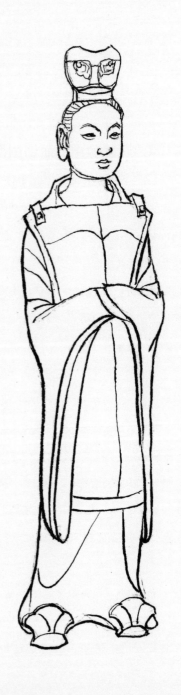

帝纪》则说，齐东昏侯把戎服裤褶当常服穿；在后魏朝服都穿裤褶，《梁书·陈伯之传》记载，褚缉写了一首诗以讽刺后魏人，诗曰："帽上着笼冠，袴上着朱衣。不知是今是，不知非昔非。"反映了当时的衣着情况。三国两晋时期，裤褶服主要流行于少数民族地区，到南北朝时期袴褶则在汉族中也流行开来，汉族上层社会男女也都穿裤褶，用锦绣织成料、毛罽等来制作，脚踏长靿靴或短靿靴。

再来说说这裲裆甲，这种无袖、由背带连接胸甲和背甲的铠甲，最早见于汉代骑兵。作为南北朝主力的重骑兵，都是身穿裲裆甲，战马披铠，手持长矟，背弓箭，腰挂近战用的直刀。裲裆甲还是高位武官参加仪式时披挂的铠甲。后来，把甲片去掉，变成了武官的一种官服（图3-23）。有时还加上了能保护肩部和大臂的披膊，以及带护腿用的膝裙，旨在提高防护能力的这些铠甲，直到宋代仍然可以见到。

明光铠武士俑

"明光铠"一词的来源与其胸前和背后的圆护有关。因为这种圆护大多以铜铁等金属制成，并且打磨得极光，颇似镜子。在战场上穿明光铠时，在阳光照射下会反射耀眼的"明光"。这种铠甲的样式很多，而且繁简不一：有的只是在裲裆的基础上前后各加两块圆护，有的则装有护肩、护膝，复杂的还有数重护肩。身甲大多长至臀部，腰间用皮带系束（图3-24）。

三国时期，曹植曾在他的《先帝赐臣铠表》中记载有"明光甲"，说明那时候已经有了这种盔甲。至于文物证据，最早的是北魏孝明帝孝昌元年元熙墓陪葬的手按大盾的陶俑，它所披铠甲的胸、背部分都是由左右两片近似

▌（图 3-24）"明光铠"武士俑服饰
　形象

椭圆形的大型甲板组成的，腰间束带。北魏孝庄帝建义元年，元邵墓中陪葬的陶俑也有穿着明光铠的。这类陶俑高 30.8 厘米，而同墓中普通士兵俑高不过 19.1 厘米左右。可见明光铠在当时是军官阶层的豪华装备品。由此可知，这种军事装备兴起于魏晋南北朝时。

与明光铠相配套的兜鍪是中脊起棱，额前伸出突角，两侧有护耳，护耳上又有一层突起（护），这种头盔流行于北魏末年到隋朝。内穿袴褶服，膝部和脚口皆有缚的造型。

舞者俑

还有一些陶俑是反映宫人舞蹈式样的，如在北齐高洋墓出土的一尊陶俑就鲜活地再现了当时宫廷内舞者的服饰形象，头顶漆纱笼巾，内穿圆领中单，罩右衽交领曳地袍，袖根紧窄，袖口极为肥大，腰系革带（图 3-25）。该俑体现了其所在时代与魏晋时期最大的服饰变化在于内穿的中衣已演变成为紧身的圆领造型。

·其他类型的服饰图像

《竹林七贤与荣启期》

始于西汉的画像石和画像砖随着厚葬之风愈演愈烈，其影响波及东汉，至于魏晋南北朝时期就更为盛行。迄今发现的保存最好的一幅砖画就是 1960 年在南京西善桥宫山南朝墓葬出土的《竹林七贤与荣启期》砖刻壁画了，这一南北朝时期南朝墓葬中常见的大型砖印拼镶壁画题材，被使用于

■（图 3-25）北齐舞蹈俑的服饰形象

高级别规格墓葬中，由此可见那一时期的江南区域对于汉服传统的保留和对所谓"魏晋风度"的向往。

　　墓室南壁的砖画，自外而内的人物是嵇康、阮籍、山涛、王戎四人；北壁自外而内的人物是向秀、刘伶、阮咸、荣启期四人。

　　嵇康是"竹林七贤"中的灵魂人物。他身材魁伟，容貌俊美，性格孤傲，才华横溢，是著名的文学家、音乐家。曹魏时代，嵇康官至中散大夫，故又称嵇中散。司马家族得势后，他归隐山林，饮酒服散，打铁弹琴。最后，他受朋友的案子牵连，被钟会陷害，死于司马昭的刀下，终年 39 岁。死前，他从容地弹了一曲《广陵散》，成为千古绝唱。

▌(图 3-26)《竹林七贤》中嵇康
服饰形象

画面上，嵇康头梳双丫髻，膝盖上置一架古琴，正在弹琴。他的神态伟岸孤傲，目光注视着遥远的天际，正是嵇康诗句中"目送归鸿，手挥五弦"的形象（图 3-26）。

《竹林七贤砖荣启期》砖刻壁画原汁原味地保留了魏晋南北朝时期兴起的一股文人墨客服饰的新风貌，是为中国古代文士精神的忠实写照，垂范千古。

甘肃嘉峪关画像砖

1932 年在甘肃嘉峪关市东北二十公里的新城乡戈壁滩上，发掘出六座魏晋时期的墓葬。其中一座墓葬前室右壁前部的一块砖上画有一名驿使，跨骑快马，头戴黑色介帻，身着宽袖短襦，左手执桀传文书，右手挽通绳。与此相对的几块画砖上，画有迎面而来的一队官员。驿使画像砖生动地反映了当时河西走廊一带驿传通信的真实景象。

画像砖上还绘有穿袍服、围裳的采桑妇女，穿袍服的农民及农妇，以及戴毡帽、穿袍服的商人（图 3-27）、猎人和屠夫等形象。连同其他画砖共同组成一幅反映当时该地社会经济繁荣发达的画卷，对研究考证魏晋时期西北地区社会政治、经济、文化历史，提供了可靠的依据。

此外，西域的装饰题材大大补充了魏晋南北朝时期的装饰纹样。它们包括：具有古代阿拉伯国家装饰纹样特征的"圣树纹"；具有佛教色彩的"天王化生纹"；具有少数民族风格的圆圈与点；还有组合的中小型几何纹样和"忍冬纹"等。这些纹样的共同特征是对称排列，动势不大，装饰性强。

▌(图 3-27) 甘肃嘉峪关画像
砖中牵骆驼、戴毡帽的商贾
服饰形象

/结 语/

随着卷轴画的逐渐盛行，绘画及雕刻技法的不断精进，以及考古发现的愈加丰富，从魏晋南北朝开始，关于服饰的图像资料也相应丰满起来，一条中国古代服饰发展演进的总体脉络更为清晰地呈现在我们面前。

汉服广衣博带的深衣制传统，虽然得以在十六国朝廷与士族阶层延续和保留，但却受到了五胡服饰的极大挑战。一方面，原有制式发生了较大尺度的改变，甚至彻底消亡：如大袖衫的袖口尺寸极肥，也多不加缘饰，袖根却又特别紧窄，又如杂裾服之衣裾较之汉代袿衣显然庞杂了太多，再如曲裾袍到了魏晋以后已难觅踪迹；另一方面，新的服制在少数族裔服饰的融合下逐渐形成：如圆领和翻领的袍衫就是汉服系统中未曾有的，又如对襟的氅衣、裲腹的外穿、裲裆的出现也是前所未有的，再如军戎甲胄样式的突飞猛进，无疑也是常年混战的结果。

从时代风尚的角度上看，这样南北分治、社会动荡的局面，三教合流的大潮，或也催生了醉生梦死的审美情怀，以流行时尚新奇为美的观念，甚至近乎女性化的极端：如《世说新语·容止篇》形容男性之美当"面如凝脂，眼如点漆"，又如《三国志·曹爽传》载何晏是"动静粉白不去手，行步顾影""好服妇人之服"，再如《颜氏家训·勉学篇》说及"梁朝全盛之时，贵游子弟……无不熏衣剃面，傅粉施朱"。

漫长的魏晋南北朝三百余年的服饰演进过程是上承两汉、下启隋唐的重要过渡时期，多数服饰形制直接为后世所沿用。不久以后，一个全新的、完整而庞大的舆服制度即将在这片肥沃的服饰多样性的土壤中生长起来。

第四章 —— 民族交融的盛世

隋唐时期的服饰图像

历经魏晋南北朝三百余年的国家分裂和战乱纷争之后，隋文帝杨坚最终灭陈，统一全国。随着国家民生的恢复与促进，文化艺术如雨后春笋般蓬勃发展起来，尤其是绘画活动远比北周和南陈要繁荣得多。隋朝虽然只有三十余年，但却能传承魏晋南北朝发展起来的各种形式与表现手法，而发挥了向唐代过渡的桥梁作用。

隋文帝厉行节俭，衣着俭朴，不注重服装的等级尊卑，经过二十多年的休养生息，经济有了很大的恢复。然而，到了隋炀帝即位，却尤为崇尚奢华之风，为了宣扬皇帝的威严，恢复了秦汉以来的章服制度。南北朝时期将冕服十二章纹样中的日、月、星辰三章放到旗帜上，改成九章。隋炀帝又将其放回冕服上，也改成九章。将日、月分列两肩，星辰列于后背，从此"肩挑日月，背负星辰"就成为历代皇帝冕服的既定款式。这无疑是对传统汉服文化的重振作出了一定的贡献。

唐朝在隋朝所建立的四方一统的社会基础之上，取而代之继续发展。通过初唐时期一系列缓和社会矛盾、促进生产发达的政策，成为当时世界上最强盛的国家，也成为中华民族引以为豪的最辉煌时代。

"四唐"分期起源于南宋严羽的《沧浪诗话》，经过元代方回的阐发，奠定于元代杨士弘的《唐音》，完成于明代高棅的《唐诗品汇》。本书对唐代服饰的分期为初唐（公元618—712年），大体上是指唐代开国至唐玄宗先天元年之间；盛唐（公元713—755年），大体上是指唐玄宗开元、天宝年间；中唐（公元756—824年），大体上是指唐肃宗至德元年至唐穆宗长庆四年之间；晚唐（公元825—907年），大体上是指唐敬宗宝历元年至唐昭宣帝天祐四年之间。

科举制始创于隋朝，至唐朝进一步发展、完善，成为选拔官僚的主要方法。随着科举制的推行，学校教育也日益发展。唐代形成的科举和教育制度影响中国达一千三百余年之久。唐朝初时"国子监"的学生已达三千余人，学生更来自世界各地，成为世界上最可观的高等学府。对于教育的重视，极大地促进了文化事业的发展，从而形成了一个文化繁荣的时代，在文学、诗歌、音乐、舞蹈、雕塑、书法、绘画、建筑等各个艺术方面都取得了巨大的成就，尤其是诗歌的黄金时代在这时达到巅峰。唐玄宗开元天宝年间，唐代国力达到顶峰，史称"开元盛世"。

意识形态方面，唐代继承中和之道，以宽容、包容精神为核心，尊道、礼佛、崇儒，实行开明的"三教"并立政策，不仅促使儒、释、道进一步相互融合繁荣发展，更造成一种宽松的开放的文化心态与风气。这种宽松、自由的思想环境，促进了学术新风貌，文学艺术流派、风格的发展，造就了唐代恢宏的文化气象。

"君子之于学，百工之于技，自三代历汉至唐而备矣！诗至于杜子美、文至于韩退之、书至于颜鲁公、画至于吴道子，古今之变，天下之能事毕矣！" —— 苏东坡

对异族文化、外域文化的汲取上，唐朝采取开放的民族政策，不仅使得唐朝统一的多民族国家得到巩固和扩大，而且有助于促成多元文化隆盛的形成。游牧民族活跃、奋发、进取的精神，与中原汉民族高度发达的经济文化相结合，迸发出勃勃生机，使唐文化性格在整体上有一种明朗、高亢、奔放、热烈的时代气质。也造就了唐代服饰交融异域各族之服的博大气象，可以通过胡服骑射、女着男装等典型样式窥见一斑（图4-1）。

■(图 4-1)唐代女子着胡服
女扮男装的服饰形象

出土于唐高祖李渊第十五子李凤墓中的《捧物男装女侍图》，描绘了一个身穿男子服装，手捧包袱呈行进姿态的女子形象。作品中的侍女头戴黑色幞头，身穿大红色圆领袍服，下着条纹波斯裤，足穿线鞋。线鞋是一种便于活动的轻便鞋，往往用麻绳编鞋底，丝绳做鞋帮，做工十分考究。唐墓壁画中女扮男装的侍女大多足下仍穿女鞋，表明女子在女扮男装和追求精神自由的同时，也不忘自身的儿女情趣。

"或有著丈夫衣服靴衫，而尊卑内外，斯一贯矣。"——《新唐书·舆服志》

此外，唐朝也实行对外开放的外交政策，大力发展国际间的友好往来，与之交往的国家和地区最多时达三百有余，呈现出王维诗中所云的"万国衣冠拜冕旒"的盛况，长安也成为了当时世界上最大的国际交流的中心，这也进一步孕育了唐代文化"兼容并蓄，海纳百川"的恢宏气势。长安外等地也均有边疆民族及国外的画师从事艺术活动。丰富的中国绘画吸引着周围各国，不少外国使臣、商人、学者、僧侣搜求中国绘画作品携带回国。隋唐时日本屡次派遣使团，随行人员中即包括有画师，目前在扶桑仍保存有不少隋唐时期的画迹，东洋文化中亦融入了大量的汉唐文明的印迹。总而言之，唐代延续了自隋以来的社会政治、经济、文化等各方面的政策措施，并进一步在总体上将整个中国文明推向了一个新的高峰，开创了中国封建社会中最为辉煌的时代。

人物画在隋唐是占主要地位的。魏晋兴起的佛教画至隋唐达到极盛，它既继承汉魏传统，又融合西域等外来绘画成就，艺术上发展得更为成熟。据文献载，隋文帝造大云寺七宝塔，杨契丹与郑法士、田僧亮同画壁画，杨契丹还在宝刹寺画佛涅经变、维摩等，其他如董伯仁曾画弥勒变壁画、展子虔在洛阳龙兴寺画八国王分舍利壁画，皆称妙迹。可见隋代佛教画的内容已出现大幅经变画，并更多地表现现实人物及宫廷建筑等形象。隋代绘画的发展为唐代绘画艺术高度繁荣奠定了基础。

唐代道释画兴盛，重要人物画家皆擅宗教壁画。初唐时，阎立本、吴道子等都受张僧繇影响而各有创造，特别是吴道子一生在京洛画寺观壁画三百余堵，变相人物，千变万态，奇踪异状，无有同者。他在技巧上也有重要创造，中年以后善用遒劲奔放、变化丰富的莼菜条线描表现高低深斜卷折飘带之势，并于焦墨痕中略施微染，取得天衣飞扬、满壁风动和自然高出缣素的效果，世称为"吴装"，突破了魏晋初唐的缜丽风格而开辟一代画风，他在宗教中所创的风格样式被称为"吴家样"。

中唐周昉除善画仕女外，宗教画中也有突出创造。他善画天王和菩萨，尤其是将观音描绘在水月清幽的环境中，创造了"水月观音"这一具有鲜明民族特点的宗教画新样式，一直为后代沿袭，周昉的宗教画风格被称为"周家样"。

不同地区的画法交融为一，产生了颇受欢迎的新样式，以"丰肥"为时尚的现实妇女进入画面。此外，以敦煌莫高窟220窟为代表的壁画体现着此一时期绘画艺术的最高成就（图4-2）。

唐代绘画是中国封建社会绘画的一个巅峰，其艺术成就大大超过往代。再就其服饰文化而言，也是此前的各个时代无法比拟的。

隋代朝廷官员重视腰带，材质与纹饰较前代丰富了许多，是品级与地位的象征，被视为"腰领"，成为唐人腰饰的基础。腰带形式也深受胡服影响，在此以前，人们的腰饰仅是以金银铜铁等材料作铐，到了唐朝时候则流行系"蹀躞带"，带上有金属环饰，并扣有短而小的革带以作系物之用。这种腰带服用最盛是在唐代，以后延用一直至北宋年代（图4-3）。

（图 4-2）敦煌莫高窟 220 窟
《帝王问疾图》中的皇帝形象

■ (图 4-3) 据唐代出土配件复
　原的腰带

　　隋代女装较前朝有所创新，并以宫中女装为流行的先导，号称"宫装"。继承了魏晋以来的半袖衫，称为"半臂"；又发展出来了小袖式的翻领衣，内外颜色不同，无饰物。平民妇女好穿青裙，戴幂篱，这些服饰一直延用到唐朝时期。

　　到了唐代，在官员的品服色彩方面：官定服装分祭服、朝服、公服和常服四种，色彩依次为紫、绯、绿、青。唐高宗以后，以紫色为三品以上的官服色，四品服深绯，浅绯色为五品官服色，深绿色为六品官服色，浅绿色为七品官服色，深青色为八品官服色，浅青色为九品官服色。黄色自唐始为天子一人之色。

　　男子日常首服基本都是幞头。起初，人们用一块布从后脑向前把发髻捆住，并使巾布的两角在脑后打结，自然下垂如带状；另两角回到头顶打成结子作装饰，这就是初期的幞头。后来，人们又在巾布的四角上接上带子，使其自然飘垂，装饰性就更强了；再后来，人们甚至将带子裁成或圆或阔的各种形状，并用丝弦或铜丝、铁丝作骨，放在带子里，这就变成了可以任意造型的翘脚幞头（图4-4）。

■ 左图：(图 4-4)唐代形成了
较为定型的幞头样式

■ 右图：(图 4-5)中晚唐时期
的"金钗花钿"女装样式

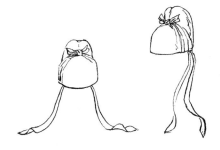

唐朝流行女子穿"胡服"，盛唐以后，胡服的影响逐渐减弱，女服的样式日趋宽大。到了中晚唐时期，这种特点更加明显，一般妇女服装，袖宽往往四尺以上。中晚唐的贵族礼服，一般多在重要场合穿着，穿着这种礼服，发上还簪有金翠，脸上贴花钿，所以又称"钿钗礼衣"（图 4-5）。

作为文化传承的一个重要分支，唐代服装风貌还对邻国产生了巨大的影响。比如日本传统民族服饰——和服及其妆容，从色彩和形制上吸取了唐装的精华，朝鲜民族的服饰也从形式上承继了唐装的特色。

·卷轴画中的服饰图像

《历代帝王图》

《历代帝王图》卷为绢本，设色，美国波士顿美术馆藏，或称《古帝王图》。画了十三位帝王形象，加上侍从共四十六人，帝王均有榜书，有的还记述其在位年代及对佛道的态度。

原图作者为阎立本是唐代杰出的画家，曾担任过朝廷的要官。他常配合唐代的政治事件作画，创作了许多重大题材的作品。他能"变古象今"，笔力圆劲雄浑，具有极高的写实度和准确性，且细致入微，这主要出于阎氏家族掌管车舆服制等皇家营造事业的背景。虽经鉴定该图为后世摹本，但基本保留了当时的服饰特征，是今人研究隋末初唐时期帝王将相服饰的重要图像资料之一。而且据文献记载，阎立本曾为唐太宗画过像，并直接参与了唐代官服制度的制定。所以，他所画的帝王服饰比较接近现实，具有一定的可靠性。

本卷所绘冠型大致有七种，分别为冕冠、皮弁、漆纱笼冠、通天冠、平巾帻，以及两种造型不同的帢（帽）。不同冠式，所配服装是有严格规定的。

其中的冕冠，就是古代帝王臣僚参加祭祀典礼时所戴礼冠。用作皇帝、公侯等所穿的祭服。冕冠的顶部，有一块前圆后方的长方形冕板，冕板前后垂有"冕旒"。冕旒依数量及质料的不同，是区分贵贱尊卑的重要标志。凡戴冕冠者，都要穿冕服。冕服以玄上衣、朱色下裳，上下绘有章纹。此外还有蔽膝、佩绶、赤舄等，组成一套完整的服饰。

本卷对于服饰研究最有价值的内容就是其所绘的冕服，真实反映出隋、唐时期沿袭汉代《舆服志》三礼六冕旧说及晋南北朝画塑中冕服而产生的帝王冕服和从臣朝服式样，和汉、魏本来情形并未符合。但是这种冕服式样及服饰纹样却影响到后来，在封建社会晚期还发生作用，宋（及辽、金）、元、明袭用约一千年。本于古代传说而来的十二章绣文和组绶佩玉等等配列繁琐制度，多依据它而成，直到清代，帝王朝服式样有了基本改变，十二章绣文布置也因之改变并缩小，附于龙袍蟒服间，近于点缀故事而使用。

再者，此图与敦煌莫高窟 220 窟唐代壁画《帝王问疾图》中戴冕冠、穿

▎(图4-6)《历代帝王图》中
　隋炀帝及侍从的服饰样式

冕服的帝王服饰形象几乎完全相同（图4-2），可能就是按同一"粉本"所
制，更进一步证实了在隋唐时期，冕冠与冕服的确切样式。其余帝王所着袍
衫虽有所差异，但却反映了不同场合下帝王们的穿着状态（图4-6）。

　　本图所绘侍女共四人，三人梳双环丫髻，一人梳垂耳丫髻，除束发带以
外无首饰装点，绘法较简略，比之《女史箴图》卷有所进步的地方在于发际
线不再是简单勾勒单线框，如剪纸般，而是顺着头发生长的方向丝缕出来，
与男子头发表现趋同，且更显细腻。

　　再看官员和侍从们的服饰表现，款式也多为广袖博衣的廓形，其中大致

有四类：一类是官员大袖长袍，黑色缘饰，红色袍衫，白色曲领，有网状束腰（当是硬纱质）和绶带，腰线高及胸部，双手执笏；一类是舆　，大袖红色短衫，有赭石色缘饰，内穿窄袖小衫，腰间束络带，下穿白色袴褶，膝下加缚，脚口有横向分割；一类是侍女，衣六朝齐、梁间通行的大袖，过二尺衫子，加曲领拥颈，内衬白色深衣及地；还有一类就是历代帝王边站立的随从，亦着大袖衫和深衣，有白红二色，腰线偏低，也加曲领。上述这些服装形制，与魏晋南北朝时通行的各种样式差异并不大。

《步辇图》

除《历代帝王图》卷以外，现存另一幅传为阎立本的代表作品就是《步辇图》卷。该卷为绢本，设色，现藏北京故宫博物院。作品以贞观十五年（公元 641 年）吐蕃首领松赞干布与文成公主联姻的历史事件为题材，描绘唐太宗李世民接见来迎娶文成公主的吐蕃使臣禄东赞的情景。李世民端坐在宫女抬着的"步辇"上，也叫"腰舆"或"舁床"，禄东赞和朝臣内侍站立一旁。不同人物的身份、气质、仪态和相互关系，在画家的笔端得到了适当的反映。作者以细劲的线条塑造人物形象，具有肖像画的特征。线条流利纯熟，富有表现力，色彩浓重、鲜艳而又和谐沉着。这是一件具有重要历史价值和艺术价值的作品。此图卷后有宋章友直（伯益）篆书题记一段，另有米芾等人观款，经鉴定为北宋摹本。

本卷共绘人物十三人，分别是唐太宗、讚礼官、禄东赞、译员和九位抬步辇、执伞扇的宫女。太宗戴黑纱幞头的折上巾，身穿柘黄绫袍，腰带红鞓带，脚穿黑色的皮质六合靴，与文献记载相同，应该是唐代沿用隋制的形象。

宫女头部发式也是在隋代的常见样式，上部平起作云皱状，众人皆类似，都身穿窄袖的衫子，衫外披半透明的丝质连袖帔帛，又都在袖口手腕处由长蛇式绕腕多匝道金镯束紧，由唐诗可知称为"金条脱"；衫子收拢于长裙内，裙腰极高，按比例看高过了乳线，长裙作"十二破"样式，朱绿相间，又在髋部连飘带一起以丝带束起，令裙身上部鼓成一个包状，是隋代和初唐的特别样式；脚穿小口条纹袴和软锦靴，都为初唐新装，条纹袴当由五色相间的丝质锦锻制成，而锦靴也应该是五彩的（图4-7）。

《新唐书·舆服志》中记录唐代腰带"一至二品用金镑，三至六品用犀角镑"，后又规定"一至三品用金玉镑十三枚，四品用金带镑十一枚，五品用金带镑十枚"。

赞礼官与译员均头戴黑巾幞头，着初唐侍从的圆领右衽袍，袍下施一道横襕，前者袍为绯色，后者为白色，脚蹬乌皮六合靴，双手执笏，腰间系黑鞓革带，赞礼官的革带上镶镂空金牌，故可称"金带"，并系帛鱼，和唐张鷟《朝野金载》记初唐"结帛为鱼形"之帛鱼制度相合。禄东赞头匝黑色发带，着小袖花锦袍，当为《唐六典》所载的川蜀"蕃客锦袍"，脚蹬皮靴，腰系革带，并坠一帛囊和一算袋式物。服饰内容与形制与文献记载皆符合（图4-8）。

《簪花仕女图》

中国的卷轴人物画发展到了中唐时期，除道释、鬼神、蕃族、人马、肖像和行乐等题材以外，还产生了一些新的画题，其中以"绮罗人物"最为重要，绮罗人物以周昉为最著名。如今我们可见到的传为周氏的作品有《簪花仕女

■（图 4-7）《步辇图》中抬着
步辇的宫女服饰形象

■（图 4-8）《步辇图》中的禄
东赞与赞礼官的服饰形象

图》《挥扇仕女图》《内人双陆图》等数卷，其中尤以《簪花仕女图》卷为最佳。该卷绢本设色，辽宁省博物馆藏，以工笔重彩描绘簪花仕女五人，执扇女侍一人，缀在人物中间有小狗两只，白鹤一只，图左以湖石、辛夷花树一株最后结束。

本卷五位贵族女子皆梳云髻，向前上方高耸，博鬓蓬松，造型饱满，与人物丰腴的脸型及其身段相合。描绘手法都以墨线勾勒轮廓，遇前后发际处则顺着发丝生长方向撇出细毫，并施以微染，渐隐于浓墨平涂、反复晕染的乌黑大髻之中，表现方式与前文所举《历代帝王图》中婢女的发式绘法如出一辙，只是更为细腻精当，体现了中晚唐时期的女性服饰面貌（图4-9）。

诸贵妇脸面均施以厚而匀落的粉底，并作浓晕蛾翅眉，眉间都贴金花子，乃中唐时期典型的上流社会女子典型妆面的表现方式。这种样式为前代所未见，而兴盛于中唐时期大量的绘画作品中所描绘的女性人物。在高耸云髻、蓬松勃发的前额发髻上，都簪步摇首饰花，鬟髻之间叉金钗，绘法皆以厚重的金银粉点画，于乌髻间吊出精致的珠光宝气，间或有红朱玉坠。

上述的浓晕蛾翅眉和蓬松仪髻，加步腰金翠钗的头饰，成熟于开元、天宝间，已近于完整的成份配套，而在这几位贵妇发顶各簪的牡丹、芍药、荷花、绣球花等，花时不同的折枝花一朵，却有画蛇添足、不伦不类之感，令研究中国古代服饰的专家们对此画的原作者及成画时间产生了极大的疑问，其中尤以沈从文先生的观点最有代表性。据沈从文考证，唐时花冠有一定样式，多为罗帛做成，满罩在头上，和发髻密切结合。到了北宋时期，花冠式样才大为发展，流行起戴真花或仿真花来，而本卷所绘的各种折枝花即似真牡丹、荷花等，与背景中卷末所绘的玉兰花同法，且花期各异，与人物服饰

▌(图 4-9)《簪花仕女图》中
的贵妇服饰形象

所体现出来明显的盛夏炎暑景状不符。另有图中一位贵妇所戴的金项圈附于衣外，式样在唐、宋为绝无仅有，只有清初贵族妇女朝服常用，与清《皇朝礼器图》中所绘项圈样式完全相同。由此可见头上各种花朵是后加的，而项圈则有可能系清代画工增饰而成。

唐代女服的衣领有种种不同的款式，比较常见的有圆领、方领、斜领、直领和鸡心领等。盛唐以后，还流行过一种袒领，里面不穿内衣，袒胸脯于外，唐诗中的"粉胸半掩疑晴雪"、"长留白雪占胸前"等形容的就是这种装束。另外，还有一种更加开放的服装，里面不着内衣，仅以轻纱蔽体，在中晚唐期间十分流行，并且一直延续到五代，这种大胆的装束在中国封建社会是极少见的，本图卷正是这种服饰文化的含蓄体现。

图中所有贵妇穿的都是云头锦鞋，仅露一翘起的鞋尖于肥硕的襦袍外，或是顶起裙边一角，甚是生动，与新疆阿斯塔纳唐墓出土的一双锦鞋相似，也与唐三彩女陶俑所示相同；而侍女所穿的软鞋则要简朴许多，两三笔勾出轮廓后，敷色即止。仔细看的话，还能发现本卷一位贵妇的左手腕上细巧地绘有金丝线勾勒并点粉的金镯两圈，似相衔接，可能所绘即是"金条脱"。

·壁画中的服饰图像

章怀太子墓室壁画

章怀太子李贤墓是唐高宗和武则天乾陵的主要陪葬墓之一，章怀太子墓壁画也是目前已发掘的唐墓中保存最为完好、内容最丰富的墓葬壁画之一。按由南到北的顺序分，东壁分别为狩猎出行图、客使图和青龙；西壁与此对称的是打马毬图、礼宾图和白虎；接下来是十组过洞壁画，从第一到第四过

■(图4-10)《客使图》中的
唐代官员服饰形象

洞，主要是司阍和仪卫图。其余的三十多组为甬道和墓室壁画，内容主要为
形态各异的宫女、内侍、侏儒等。

　　章怀太子墓壁画的内容十分丰富多彩，可说是全方位地层示了唐代皇室
成员的生活场景，具有极高的社会历史价值；同时，这些精美的壁画又向人
们展示了唐代画师高超的艺术造诣和将近1300多年前中国已高度发展的绘
画艺术水平，以及一幅鲜活的宫廷服饰画卷。

　　《客使图》描绘了三个唐朝官吏和三个来使一起参加谒陵吊唁典礼的场

面，图中的人物步履凝重迟缓，步态各异，神情肃穆，但又各具形貌。画作线条道劲沉着，疏密有致，刻画了不同人物的气质与性格（图4-10）。

由这段壁画中的唐朝官员所着服饰清晰可见，初唐至盛唐时期的礼服样式仍然是承袭魏晋以来的汉服传统的：头戴平巾帻，罩漆纱笼冠，衣大袖交领衫，下着裙裳，腰围革带，腰前悬蔽膝，佩绶带于腰后，内衬曲领，脚蹬高齿履，露于裳外，这与窄袖、直身、圆领、加襕的袍服显然有着鲜明的差异。

这足以证明在唐时并行着两套服饰系统，其一即以交领广袖、上衣下裳为代表的汉服传统样式，其二就是以圆领窄袖、上衣下裤为典型的胡服异域样式；前者作为祭祀、礼仪场合的礼服得以保留，后者则作为朝服、常服在朝廷和民间作为通用服饰而盛行。

再来看墓中的《观鸟捕蝉图》场景，画面中间画一树，下有一石，宫女三人，左边一宫女，左手似持一棒，放出一鸟，正在捕捉一蝉。它生动地描绘了宫女在庭园捕蝉的情景。所绘人物体态婀娜自然，线条流畅洒脱，富有表现力和韵律感。人物服饰造型圆润流畅，带有典型唐代特征（图4-11）。

左右两位宫女所着的是延续隋的窄袖襦裙，披帛，此时之帛，门幅较宽，似披肩；而站于中间的宫女则着男子服制，圆领袍，着裤，裤脚有横带装饰，露出线鞋来，是为唐代女装的一大服饰特色。

绘于李贤墓道东壁的，是唐代壁画中最具有代表性的人物画作品之一。此类作品由步、骑或步、车、骑仪仗组成，通常分布在墓道东西壁，见于高级贵族的墓葬中，为墓主人生前地位的象征。此处这些作品达到了写实风格的高峰，人物形象生动，刻画深入，逼真传神，人体结构比例的高度准确，体积感强烈。

这些仪卫的服饰多为圆领、右衽、直身袍，两侧开衩，束黑色革带，蹬乌皮靴，唯幞头有别于常见的幞头，是双色幞头，即包裹半球状头部的巾子为红色或白色，而包裹上梳发髻的巾子则为黑色，且只见前幞脚，未见后幞脚，是为一种比较特殊的幞头（图 4-12）。

永泰公主墓室壁画

服装作为一种文化载体，折射出了唐代妇女的自由与开放。盛世大唐，在衣冠服饰上无疑是一个丰富多彩的时期，一方面继承了前代的封建衣冠制

▋上图：(图4-12)《仪卫图》
中的仪卫服饰形象

▋下图：(图4-13)永泰公主
墓室壁画中穿大翻领式胡服
的女性形象

度，同时大量吸收了各兄弟民族和中亚、西亚等外国衣冠融汇变通，不断地出现了新的服饰。

无论是上节的章怀太子墓，还是永泰公主墓室壁画中之宫女图，无不大量存在穿大翻领式或窄袖紧身的女穿胡服和男装的形象，逼真地反映了唐人喜好胡服的风尚，而其时更是妇女着男装的盛行时代（图4-13）。

由此结合前述内容可知，唐代女子的服装主要有三大类，即上衫下裙、胡服和男装。胡服为唐代的舶来品，诗人元稹曾说过"女为胡妇学胡妆……五十年来竟纷泊"。也有研究者认为，唐朝统治者出身胡族，因而尚武，导致胡服流行。至于唐朝为什么流行男装，也是众说纷纭。有人说，唐代女子喜欢穿男装的始作俑者就是大名鼎鼎的太平公主。

再由画中女服，还可见一种匹配唐式襦裙的短袖对襟衫子，谓之"半臂"，领型大而深，低至胸围线，以绳带相系，衣长较短，仅至髋部，袖口宽大，袖长短于上臂中。加上披帛，唐代襦裙的完整四件套配置便已完备（图4-14）。

而且，各位宫女的发髻造型也是各异，有单刀半翻髻、螺髻、朝天髻、惊鹄髻、百合髻等等，名目繁多。这些发髻最主要的特点就是崇尚高大，流行使用假发或假髻来梳妆。与此相适应，发髻上的装饰也愈加丰富，银钗、牙梳、金玉珠翠花枝、鸾凤步摇等精致秀美、光彩炫目。

敦煌莫高窟壁画

在敦煌莫高窟壁画中，隋唐时期的壁画已呈现出一番新的面貌。隋代改变了北魏时期形成的秀骨清像和此前的原始气息，追求雍容的气度，创造了

(图 4-14) 永泰公主墓室
壁画中穿半臂的女性形象

民族化的形象，并走向世俗化，是向唐代富丽绚烂之极的艺术过渡。在表现手法上也已显露出豪放和清新的视觉冲击力。

入唐时，莫高窟已经是拥有一千多个石窟的佛教圣地。唐代各种题材的净土变壁画不断出现，将莫高窟的壁画艺术推向了历史的顶峰，显示出这个时代不平凡的艺术高度。

而且，从众多的石窟壁画所绘的供养人、故事图等，可窥见服饰由隋代向盛唐，再至中晚唐时期的演变过程。

在敦煌莫高窟 390 窟中有一组供养人进香图，由此可见隋朝时期最为流行的女子服装样式为窄袖圆领衫，下着高腰长裙，裙腰极高，系到胸部以上。其中的一位贵妇衣着却与众不同，甚为奇特，她内着圆领大袖的衫子，由于罩袍为小袖翻领的样式（同于随行其后的另一贵妃），因而只得披于肩上（当不是某些学者认为的披风）。这种衣式早见于敦煌北魏佛传故事画中男子衣着，但那是内衣小袖而非外衣大袖，衣袖大小正与该隋代贵妇服装相反。隋贵妇所披小袖外衣多翻领式。侍从婢女及乐伎则穿小袖衫、高腰长裙，腰带下垂，肩绕帔帛，头梳双鬟（图 4-15）。

至于初唐和盛唐时期的女子服装，则与前文所举的同一时期墓室壁画中大同小异，而到了中晚唐后，服饰面貌却已出现了较大的变化，这从敦煌莫高窟 157 窟的中唐时期供养人服饰形象可见。其时，女性廓型已完全脱离了魏晋以来"瘦骨清像"的面貌，而是以丰腴广博为时代特征。

从脸型体态上看，女性人物已偏于圆润，尚大发髻且饱满，髻上插梳篦为饰，妆面浓重。唐代女子面部化妆的顺序一般是：敷铅粉、抹胭脂、涂鹅黄、画黛眉、点口脂、描面靥、贴花钿。女子用青黑色颜料将眉毛画浓，叫作黛眉；描得细

■（图 4-15）敦煌莫高窟 390 窟
的隋代供养人服饰形象

■(图 4-16)敦煌莫高窟 159 窟
的晚唐供養人服飾形象

而长的眉，叫作蛾眉；粗而宽的眉，叫作广眉。短襦的袖口趋于宽大，裙身有织锦绣纹的内裙和两边开衩的薄纱外裙组成，交相辉映，甚是曼妙（图4-16）。

此外，在敦煌榆林窟16窟壁画中还可见一幅戴凤纹冠、着回鹘装的女子形象。回鹘是中国西北地区的少数民族，回鹘女子的服装对唐代汉族女子的服装影响较大。其基本款是连衣长裙，翻折领、窄袖，衣身比较宽松，腰际束带。一般在翻领和袖口上都有凤衔折枝花的纹饰。女子在穿这种服装时要梳椎状的回鹘髻，上饰珠玉，簪钗双插，戴金凤冠，穿笏头履（图4-17）。

· 雕像中的服饰图像

白釉女侍俑

隋朝历史很短，不足四十年，但在陶瓷史上却是一个承前启后的朝代。入隋以后，南北方陶瓷业才开始了飞跃性的发展，窑场及其烧制的瓷器明显增多，各种花色、风格、样式的瓷器开始呈现，形成各竞风流的局面。

隋瓷胎釉在各地窑口之间略有差异，在总体上看，其共同点是胎体较为厚重，胎色因烧制地点和原料而各有变化，以灰白居多；釉仍属石灰釉，呈玻璃质，透明度强，多呈现青色，青中泛黄或黄褐色；器体施釉一般不到底。隋代官窑已能烧制出胎质洁白，釉面光润的白瓷，开启了唐代瓷业"南青北白"局面的先河。

现存上海博物馆有一组隋代的白釉女侍俑，有捧罐陶的、有弹琵琶的、有奏乐的、有起舞的，形态各异。其中一舞俑左手下垂，右手上举当胸作拥抱状，双手藏在袖子里，身子直立，头微前趋，形体修长，面带微笑，舞姿拘谨。细小而长的双袖是此俑的特色，令拘谨的舞者不失飘逸的舞姿

▌(图 4-17) 敦煌莫高窟 16 窟晚
唐壁画中着回鹘装的女性服饰
形象

（图 4-18）。

其服饰为典型隋代侍女形象，发髻高耸，似后世的半翻髻，脸型瘦削，上着圆领长袖衫，下穿高腰长裙，高及胸线，并以一长丝绦系住，裙底露出高齿丝履。隋代陶俑在传世品中所见相对较少，女侍俑更是不多见。

唐三彩女坐俑

三彩釉陶始于南北朝而盛于唐朝，是一种多色彩的低温釉陶器。唐三彩是以细腻的白色黏土作胎料，用含铅、铝的氧化物作熔剂，用含铜、铁、钴等元素的矿物质作着色剂，其釉色呈黄、绿、蓝、白、紫、褐等多种色彩，但许多器物多以黄、绿、白为主，甚至有的器物只具有上述色彩中的一种或两种，人们统称之为"唐三彩"。唐三彩的大量出土对于我们了解当时的服饰面貌无疑提供了十分有价值的图像资料。

在西安王家坟唐墓出土了一尊坐于筌蹄上的三彩女俑（图 4-19），从服饰面貌看，应当是初唐至盛唐间的陪葬物。该尊女性坐俑头梳高耸的单刀半翻髻，脸孔已趋于

■（图 4-18）《白釉女侍俑》所呈现的隋代舞女服饰形象

圆润,内着窄袖襦衫,外罩低圆领高腰的对襟半臂,于腰间系带,下穿高腰
"十二破"长裙,裙身织绣纹样繁多,裙身硕大,脚底露出云头锦鞋。

舞女俑

唐代舞蹈分为两种截然不同的风格,一种叫"软舞",也称"文舞",属
于汉族的舞蹈,舞姿宛转、舒展,余韵悠长,舞服宽松、飘逸,大袖较多;另一
种叫"健舞",也称"武舞",属于胡舞的范畴,舞姿威武、激越,旋转腾飞,
舞服与胡服同类,袖多紧瘦。

在唐代陶俑中也出现了一些反映宫人舞蹈的式样,如在陕西西安唐墓出
土的一尊陶俑就鲜活地再现了当时宫廷舞者的服饰形象(图4-20)。该女俑
面容略瘦,亦梳单刀半翻髻,着大袖衫,袖根紧窄,外罩深圆领半臂,裙腰高
至胸线,裙摆略大,裳前系一块椭圆形锦绣围裙,杂裾飘飘,脚蹬高齿云头履。
由此可见,这是结合魏晋南北朝时期的杂裾服和隋唐以来的襦裙半臂形制得来,
加之身型清瘦,很明显具有初唐风貌。

石门线刻图像

在永泰公主墓内石门右扇上有站立的文官线刻图像,与前文介绍的广衣
博带之汉服传统相去甚远。此官吏头戴幞头,手执笏板,身穿右衽圆领窄袖
长袍,领圈与前中开缝,膝盖处亦开缝,谓之"加襕",銙带上挂有摺巾、
算袋等日常用具(图4-21)。唐代男子日常服饰主要就是圆领袍衫,并加
襕和袖襈(加粘衬的领口和袖口)。唐代腰饰考究,有鱼符、鱼袋之制;革
带不用钩而只用带扣,带上饰"带銙"。

（图 4-19）初唐至盛唐期的
三彩女坐俑

（图 4-20）唐代舞女俑

■（图4-21）永泰公主墓石门线刻
图像中的文官服饰形象

唐三彩骑马男俑

除了较多的女俑以外，唐三彩陶俑中也不乏着胡服的唐人形象，这些男性服饰亦多以幞头裹巾，着翻领的右衽直身长袍，翻出的褙面与袍色相异，多有织锦纹样，腰间束带，双侧开衩，便于鞍马，下身穿袴，蹬乌皮靴（图4-22）。

/ 结 语 /

至于隋唐，今人可见到的关于服饰的图像资料已趋于完备，不论是在卷轴画、壁画的形象中，还是从陶俑和线刻等载体看来，日趋丰富，那些久远盛世的缤纷色彩、精美结构、飘逸质料都鲜活地呈现在了我们的面前。

随着多元的民族、宗教、文化和思想的全面融汇，隋唐阶段服饰的审美倾向，呈现出由隋代与初唐的雄放气度，逐步演化出了绚丽旖旎的盛唐气象，又转入中晚唐的雍容华贵，从而造就了后世服饰文化所无法企及的大唐盛况。

本章所举隋唐的典型服饰形制也只是这个中国封建社会辉煌时期中的沧海一粟，还有大量绚烂多姿的纹样、细节和装饰的存在。不过笔者以为，在中国古代，一个统一的时期中，社会群体

▌(图4-22)唐三彩骑马男俑
中的男子胡服形象

的审美意识总是有一定模式和标准的，上述这些典型样式是具有时代的代表
性的。

无论是唐代的男装，或者女装，均呈现出汉服传统与少数民族服饰两大
体系相互交融并存的面貌，而在这漫长的三百余年相对稳定发展中，以多样
性为特征的唐代格式服饰，到了盛唐时已至分庭抗礼的局面。至于晚唐及后
世，那些图像中所传达的已不再是单纯的形似，而更多关注于表现丰腴圆润
的审美取向。

作为当时远东世界政治中心的唐朝，吸引了大量外域人士前来游学和定居，他们既带来了异域的文化艺术，也大量地吸收和借鉴了东土大唐的服饰文化。当大批日本遣唐使、学问僧来访时，唐朝政府专门赠与每人每年绢绸二十五匹及四季衣物。这就不难想见，当时日本上层社会几乎全盘唐化的社会景象了。

此外，唐与印度的经济文化往来亦甚为密切。玄奘从长安出发，途经中亚、阿富汗、至古印度取经，就是大唐文化传播的另一重要明证。当时周边的国家和地区都以为"三王之俗，东方为上"，冠带右衽，车服有序，是为礼仪之邦之垂范。于是便"解编发，削左衽，袭冠带"，以至于"袭冠带而成辟"。

总之，从隋唐的服饰图像中，我们可以窥见汉服文明的自信与开放，看到海纳百川，兼容并蓄的气度，洞察其对于整个东亚地区的影响与包容，而这种态势正是一个强盛大国方才能产生的。

第五章 —→ 理教与市井的交织

五代及两宋的服饰图像

唐末藩镇割据局面严重，社会矛盾日益剧烈，造成全面的农民起义，摧毁了唐朝大部分的统治机构。唐朝灭亡后，在中原一带相继出现了后梁、后唐、后晋、后汉、后周五个朝代，史称"五代"。五代是中原的五个王朝，存在53年，共更换了八姓十四君，先后与之并存的"十国"，除北汉外都在秦岭、淮河以南。这个时期，北方的中原一带是争夺的中心，而南方的战事相对较少，生产未受严重破坏，农业、商业比较发达，人民生活相对安定，因此吸引了北方大批的贵族、商贾、士大夫来到"十国"中的南唐、吴越以及前、后蜀等。所以，这些地区不仅保存了中国传统的经济文化，反而还有所发展，其中尤以南唐和西蜀的绘画艺术创作最为活跃。

我国历史上正式设立画院的开始就是在五代的西蜀、南唐等国（宫廷画院的设置滥觞于汉、唐，虽无画院之名，但汉代有"画室"，唐代实有画官应奉进宫）。这个时期的人物画、山水画和花鸟画都作为独立画科而壮大起来，山水和花鸟更是得到了长足的进步，而人物画相对就没有如"徐、黄"花鸟和"荆、关、董"山水那样之于中国画的贡献突出了。不过在画院的人物画家中还是不乏画技高超的名家圣手，如南唐周文矩、顾闳中和王齐翰等。

而在西北边陲的敦煌地区，由曹议金统治。曹氏笃信佛教，敦煌莫高窟、安西榆林窟壁画仍保持宏伟规模。壁画有"都勾当画院使"之类的榜题，可知这里也设立了画院之类的机构。曹氏还雕印佛经佛像，这些经、像是早期版画史的珍贵资料。

公元 10 世纪后半叶，宋代统一中国，结束了分裂割据的局面，并采取了一系列缓和社会矛盾、促进经济发展的措施，使农业、手工业都恢复到唐

■（图 5-1）《清明上河图》中
的市井百姓服饰形象

代原有水平，甚至超过了历史上任何一个时期，于是城市商业经济也相应兴旺起来。北宋张择端的《清明上河图》反映的就是这时东京汴梁的市井繁荣景象（图5-1）。经济的发展为文化事业的进步创造了良好的条件，而且，北宋的多位帝王对文化艺术钟爱有加，尤其是宋徽宗本人就是一位艺术家，所谓"上有所好，下必甚焉"，这进一步刺激了绘画艺术创作的激情，于是不论皇家还是民间，绘画领域一片欣欣向荣。

在五代画院的形制基础之上，皇家宫廷里设立了规模更加庞大的翰林图画院，以满足帝王对于书画艺术的赏玩需要，同时也促进了绘画艺术的长足进步。我国历史上第一部系统著录并品第宫廷藏画的画谱，《宣和画谱》也于此时诞生，史料之翔实为前代所不及，成为今人研究魏晋至北宋历代名家画作的重要文献资料。而在民间，绘画活动一样活跃，尤其是士大夫阶层的书画创作更是达到了历史上的高峰，并由如米芾、文同、苏轼等文人为代表，开创了水墨写意画的先河。

然而，宋代的军事实力较之中国历代王朝都要显得更为软弱无能，且民族矛盾一直复杂而尖锐，没有得到根本解决。至12世纪，北方女真建国金，灭辽后南下，于公元1127年攻破京城开封，俘获宋徽宗和钦宗，北宋灭亡。同年，康王赵构在临安（今杭州）建都，立南宋，经一百五十余年后，为蒙古族所灭。南宋的绘画盛况并不减北宋时期，通过五代至南宋的稳定发展，绘画艺术进入了中国绘画史上无可比拟的鼎盛时期。

此外，与宋代对峙的辽、金、夏三个少数民族国家，在军事上与宋朝为敌，而在文化方面却以汉族为师，大量吸收了中原的封建文化，同时也创造了自己民族的文化艺术特色，也有一定的研究价值。

中国古代服饰文化史对于唐代服饰的辉煌与繁华、宋代服饰的理学与严谨多有评述，然而对在两朝更替的夹缝中存在了五十余年的五代十国，却很少提及。毫无疑问，从唐代到宋代，服饰的面貌经历了巨大的转变，而五代十国时期就是其中关键的转折点，因此对五代十国的服饰图像及其文化特点进行研究十分必要。

五代处于战乱动荡之中，服饰不再崇尚奢侈华丽，转而变得现实和崇尚功能。女装襦裙腰身的下移，相比高束胸腰线，更加便于穿着和行动的实用性；男子幞头变得硬挺，从审美上来说也趋于规整与理性。

五代以后的着装不再追求体量与繁多，转而追求紧凑和简洁。女子服饰廓型变窄，披帛亦变狭长，体现了这一时期审美的特点。同时也不再追求浓重和艳丽，转而追求淡雅和清秀。这主要体现在五代女子服饰色彩以及发式妆饰的变化上（图5-2）。

宋代建国之初便确定了"偃武修文"的基本国策，而且程朱理学亦逐步居于统治地位。在这种政治和思想的支配下，人们的美学观念也随之相应发生变化，服饰开始崇尚俭朴，重视沿袭传统，朴素和理性成为宋朝服饰的主要特征。朱熹对于穿戴主张以紧为上，即"颈紧、腰紧、脚紧"，尤其男子服装较为简朴。女子的服饰也要比隋唐时期在体量和纹样等方面内敛和净素了许多（图5-3）。

"金翠为人服饰，不惟靡货害物，而侈靡之习实关风化。"——南宋高宗

宋高宗甚至下令收缴宫中女子的金银首饰，置于闹市，当众焚毁，以切实严禁社会着装糜费之习。

然而，宋代统治者的服饰禁令又往往难以坚持到底，不是他们自己违反，

▌上图：（图5-2）《女孝经卷》
中的女性形象

▌下图：（图5-3）《韩熙载夜宴
图》中的乐伎女性服饰形象

就是被臣子们在暗中修改，加之社会生产力的不断提升和纺织业的发展，也为权贵们追求服饰的华美提供了物质基础。因此，宋代服饰在总体特征上是内敛而理性的，而从大量个案看来，又具有艳丽多彩的风尚，呈现出理教与市井相互交织的丰富面貌。

·卷轴画中的服饰图像

《重屏会棋图》

五代时期的人物画创作中，直接描绘贵族生活的题材占有很大比重。特别是宫廷画院的画家，需要为皇室贵族传神写照，表现他们豪华享乐的生活或贵妇人的生活情态。西蜀阮知诲、其子阮惟德，张玫赏及南唐画院的高太冲、周文矩和顾闳中等人都以画贵族人物肖像著称。史载南唐保大五年元旦，中主李　与兄弟大臣饮酒赋诗，召画院名手高太冲、周文矩、董源等合作画成《赏雪图》。

现存的《重屏会棋图》卷就是这样的题材画。本卷绢本、设色，现藏北京故宫博物院，无作者款印，传为周文矩所作。经徐邦达先生鉴定，此系宋人摹本。图绘摆设精美的室内，四位身份高贵的男子于棋桌前，他们神态各异，举止不同，有的催促落子，有的举棋不定，有的观棋不语，真实地反映出观棋者与弈棋者不同的神态。画中没有标注这些人物的姓名。目前，经过几代学者的深入研究，才逐渐确认出本幅作品的画面主人公及其内容。

图中描绘的是五代南唐中主李　的宫廷行乐生活。有关此图情节的记载最早见于北宋《王文公集》卷五十中王安石的《江邻几邀观三馆书画》诗，诗中指认出图中头戴高帽者为李璟（图5-4）；南宋初年的王明清在《挥尘三录》

（图5-4）《重屏会棋图》中的李璟服饰形象

中记载了他以家藏的李璟肖像画与此图进行考辨的过程；元代袁桷《清容居士集》和陆友仁《研北杂志》则考证出会棋者是李璟兄弟四人，屏风所画为白居易《偶眠》诗意。最终指明图中人物具体方位的是清吴荣光《辛丑销夏记》所录庄虎孙的跋语："图中一人南面挟册正坐者，即南唐李中主像；一人并榻坐稍偏左向者，太弟晋王景遂；二人别榻隅坐对弈者，齐王景达、江王景遏。"

　　由于此图背景的屏风中还画有屏风，因此人们称此图为"重屏"图。它受到了历代画家广泛的传移摹写，并被宋内府《宣和画谱》、明张丑《清河书画舫》、内府《石渠宝笈三编》等数十种书著录。故宫所藏的这幅画即使不是周文矩原作，也应是接近于原作的宋人摹本精品。作为写实性的绘画作品，作者在逼真地刻画出人物肖像特征的同时，也真实地描绘出室内的生活用具，如投壶、屏风、围棋、箱箧、榻几、茶具等，为后人研究五代时期各种生活器用的形制、服饰以及中国早期皇室的行乐雅集活动提供了重要的形象资料。

　　就图中描绘的服饰所见，较之唐代最大的差异就是四位男子头戴的各式幞头了，李璟所戴之高顶幞头在五代时期是幞头创新的具体体现，当时的皇族贵戚多以高巾体现自身的高士风度，同可见于《韩熙载夜宴图》中韩熙载所戴之高冠，形制当是在隋唐幞头的基础上加高后部所成，一般由硬质漆纱制成，造型各异。

再看其余王子之幞头，虽近于隋唐，但在造型上已非常硬挺，其中更已出现硬脚（翅）的样式，这也是到了五代时期才有的，且一直影响到了宋代的幞脚形制及其工艺。

而至于诸王所着之衫子，便是汉服传统的交领、右衽、及膝短襦，腰间系丝带，下着大口裤，脚踩青丝履，一派闲散常服的样式。

尤其需要提及的是伫立一旁，双手交叉于胸前的侍者服饰，其头发自然垂落，不束巾帻，当未成年，着圆领直身袍，长及小腿肚，开衩，下穿小口裤和丝履，这些皆与隋唐时期的袍衫同式，然于圆领袍之领圈内却露出了内着交领中衣的领缘来，这却是前代所未见之样式，这样的服饰形制还可见于同一时期的《文苑图》和《八达春游图》等图卷中（图5-5）。

今存另一幅经考证为周文矩底本的作品为原传韩滉《文苑图》，本幅无作者款印，根据宋徽宗"瘦金体"题字"韩滉文苑图，丁亥御札"，下书"天下一人"押，遂定为唐代韩滉作。

不过专家普遍认为，从时代风格看，此卷少唐画气息，最明显的是衣纹线条颤动曲折，似五代周文矩所创的"战笔水纹描"。另外人物头戴的硬翅平举式的幞头形式，亦至五代才出现。再有，就是唐代圆领衫子内，据大量画迹反映，均无衬领，本图所绘乃五代宋初的服制等。

美国大都会博物馆藏有一本周文矩的《琉璃堂人物图》卷，后半段画面与此图完全一样，故可推断《文苑图》原作者是周文矩，所画内容为琉璃堂

▌（图 5-5）《文苑图》中的文
人雅士服饰形象

人物故事。至于两图孰为原本，抑或均属摹本，据考，美国的《琉璃堂人物图》
卷水平较差，人物面相稍欠神采，衣纹用笔颇见柔弱，且图首宋徽宗题"周
文矩琉璃堂人物图，神品上妙也"和下钤"内府图书之印"均伪，故此图当
为宋以后摹本。而《文苑图》人物神采奕奕，笔墨功力深厚，本幅右下角又
有南唐墨钤"集贤院御画印"，证明此图不会晚于五代，极可能即周文矩原迹。

《韩熙载夜宴图》

历代著录的顾闳中《韩熙载夜宴图》有数本，顾闳中的原迹早已佚失，
现藏北京故宫博物院、传为顾闳中的《韩熙载夜宴图》卷被公认为是存世
最古的一件流传有绪的作品。此卷绢本设色，纵 28.7 厘米，横 335.5 厘米，
无款。关于本卷的成画年代，历来众说纷纭，各种说法，至少辩明了本卷

不是五代时期画家所作，也就不可能是顾闳中的作品了，更不能以此图为严肃的史料来研究五代时期的服饰。

经过笔者在拙著《中国古代人物画中的服饰表现》的研究表明，本卷极有可能是北宋徽宗宣和时期奉命"创作"的御品院画，或是南宋初期南渡的画院画师创作，隐含着借古喻今，暗示北宋末期政治环境的深意。

本卷中呈现的并不是五代，而是北宋晚期至南宋初期的服饰，例如南宋朱熹就曾说："妇女环髻，今之特髻，是其意也，不戴冠。"而本卷中女子的髻形就属朱熹所说的"特髻"，是造型较大的单束（图5-6）；再如画中跳六幺舞的王屋山系的抱肚和黑鞓革带原就是宋代武士的戎装，后被妇人用作衣饰，至今尚未发现五代的出土文物和史籍中有此装束（图5-7）。

而且，本卷与南宋佚名的《女孝经图》卷中的服饰，甚至人物造型几乎没有差异，应是两宋之间服饰样式的具体体现（图5-7）。从本卷中可见，这段时期的女子服饰虽仍以襦裙和披帛为主要服饰形制，但在廓形上，较之隋唐时期，已极大地趋于紧窄和收身，连披帛也更为细长，腰线亦下移了不少。再者，服色更为净素，多粉色，少重色，织绣纹样也以植物纹、几何纹为主，如六搭晕、八搭晕为主，不见了前代大量的动物纹样、团窠纹样、对兽纹样等。

当时的女子着男装的样式也颇为常见（图5-9），但多为下人所着，圆领袍衫内亦出现了内衬领子，所不同的是，在腰际加了一块类似围裙的抱腰（悍腰），并于外系革带。而再看图中的男子服饰，与五代时期的变化就很小了，基本就是圆领直身袍和交领大身袍两种形制。

▌(图 5-6)《韩熙载夜宴图》
中的特髻女眷服饰形象

■左图：（图 5-7）《韩熙载夜宴图》
中的王屋山服饰形象

■中图：（图 5-8）《韩熙载夜宴图》
和《女孝经图》中的侧身站立女子
服饰形象

■右图：（图 5-9）《韩熙载夜宴图》
和《女孝经图》中的侍女服饰形象

《听琴图》

几乎在同一时期的一幅表现宋徽宗与其宠臣蔡京等抚琴与听琴的纪实场景式卷轴画《听琴图》，完全写实地纪录了当时宋徽宗所着的道士服饰形象。其与传为北宋李公麟的《西园雅集图》《维摩诘图》等所反映的文人雅士服饰几乎完全一致（图5-10）。

画面中的赵佶一副道士的穿着打扮，发髻上以笄固定一小冠，上身着白色交领右衽大袖衫，内露同款的中衣领，外披玄色对襟大袖衫，衫缘有黑色素饰，胸前以带系门襟，下穿玄色裙裳，腰间系带，脚着翘头青丝履。由本图可见，即使到了北宋末期，文人道士的服饰传统较之魏晋时期几乎没有变

（图5-10）《听琴图》中赵佶所着的文士服饰形象

化，成为中国服饰传统文化中一支相对稳定的服饰面貌得以保留和传承，唯一有所变化的仅是头上的冠式。

帝王后妃肖像画

宋代的宫廷肖像画，由于理学思想的影响、画院的设立以及帝王的重视，尤其到了宣和时期，写神象形的肖像画技法已发展到一个非常高的水平。与此同时对于服饰的表达，在宫廷肖像画中也已经达到了高峰。

"肖像画"一词，来自于西方绘画术语。中国古代虽然有肖像画这一绘画样式的存在，但没有"肖像画"这一确切的用语。中国传统肖像画名称叫"写照"、"传神"或"写真"。中国古代肖像画除以上称谓外，尚有写貌、写像、影像、追影、写生、容像、祖先影像、祖师像、顶相、仪像、寿影、喜神、揭帛、代图、接白、帝王影像、圣容、衣冠像、云身、小像等。如此众多称名的出现，从一个侧面反映了中国肖像画发展的繁盛。

肖像画是人物画的一个有机组成部分。在两宋以前，肖像画与主题性人物画没有明确的界限，如战国《人物御龙升天图》、汉代大量的历史故事画、东汉墓主肖像人物画、六朝《职供图》、隋唐壁画及卷轴画中的供养人像等，以及隋唐创作的主题性肖像画如《步辇图》卷等，画中都有真人的画像。这一类作品在中国绘画中占有相当的比重，但都不能称为严格意义上的肖像画。

倘要再作出明确的界定，历史上十分流行的行乐图式人物画和文人雅集之类的作品，也不应称其为肖像画，如前述五代周文矩《重屏会棋图》卷、顾闳中《韩熙载夜宴图》卷、北宋赵佶《听琴图》轴等，这类作品既有一定的情节，又反映一定的主题，都属于主题性人物画创作的范畴，与表现人物具体形象为创作原则的现代肖像画的概念有着相当的差异。虽然在这类作品中也表现了像主人的性格特征，甚至是逼肖至极，有些文章与画集也将它们纳入肖像画的范畴，但按照笔者的理解，不能将其称为严格意义的肖像画作品，只可称之为肖像性主题人物画。

至于宋代，在其立国伊始便设置了翰林图画院，网罗和汇集了前朝各地的绘画名家能手，所以北宋初年的画院，一开始就有了雄厚的实力。而且画院在录用画家时，采用了严格的考试制度，保证了其水准的不断提高。画院的第一要务，即如《历代名画记》"叙画之源流"所言"成教化，助人伦"，将忠奸善恶，存作鉴戒。也正是由于宫廷设有画院之便利，故图画帝后功臣之像，远胜魏晋至隋唐。

北宋《图画见闻志》人物门中已列"独工传写"条，邓椿《画继》亦有"人物传写"条，肖像画在宋代开始作为一个单独的画科出现，同时产生了一批专门以肖像画名家的画家；北宋后期许怀立为东坡写真，苏轼《赠写真何充秀才》有"写貌擅东南，无出其右"的话；《传神记》又言："南部程怀立，众称其能，于吾传神，大得其全"的记载。由之可见，最迟在北宋中晚期，肖像画就已经成为专门的绘画专科了。

另据考，两宋历代君王，多有命画院高手描绘前代帝王和文武功臣像的记载。因此，宋代的宫廷肖像画应当代表了这一时期中国古代肖像画中的至高境界。至今在各大博物院和美术馆仍存有为数不少的宋代宫廷肖像画，现举两幅就其中的服饰加以分析。

一幅是《宋太祖赵匡胤坐像》轴（图5-11），绢本设色，台北故宫博物院藏。本图中宋太祖所着"皇袍"乃天子服六种之五，近似常朝服，头上

■（图5—11）《宋太祖赵匡胤坐像》
中的黄袍服饰形象

为方形硬胎展翅乌纱帽。幞头发展到宋代已形成独特的样式，即直脚硬翅、方形裹巾的形制，从审美的角度看，亦是宋代理学思想影响的结果。太祖身穿的淡黄袍，为右衽、广袖、加 的圆领大衣宽衫，较之前代，显然是将圆领直身窄袖袍与汉服之大袖宽衣加以融合。在衫袍的圆领和袖口又露出内衬的窄袖织锦明黄内衣，团花纹样以褐色工细描绘。最后于腰间和袍底绘有玉装红束带和皂纹鞾，是为汉服传统的恢复之表现。

再来看一幅表现宫廷后妃服饰的作品，《宋仁宗后坐像》轴（图 5–12），绢本设色，现藏台北故宫博物院。本轴所绘仁宗后的服饰较之太宗的要繁复得多，几乎到了如同实物的地步。皇后面幕绛纱，头戴九龙花钗冠饰，冠上的金银盘丝纹样和镶嵌珠宝以及耳坠珠饰，皆用细笔勾描，并加粉色点染；身着交领大袖宝蓝地花锦袍服，其朱地盘金云中龙凤缘饰描绘得极其考究，栩栩如生；衣身上织绣的两雉，并列成行，称为“摇翟”，以袍服中心线对称排列，布满全身；脚穿宝蓝地云头花纹锦鞋，露于褶裙外；腰束镶玉锦带。就服饰描绘的精细程度而言，宋代的宫廷肖像画已达人物画有史以来描绘最工丽、织绣纹样最逼真、极其高超的服饰描绘水平。

仁宗后所穿锦袍谓之“袆衣”，是皇后在受册封、朝会等重大的礼仪场合穿的。袆衣的上衣下裳连成一体，用以象征女子在感情上的专一，同时与之相配套的是华美的九龙四凤冠，其上有大小花枝各一十二枝，并在冠后的左右各有两个叶片状饰物，称为“博鬓”或“掩鬓”。

此外，在皇后两边站立服侍的宫人花冠也是宋代盛行的一种风尚（图 5–13）。宋代不论男女或是君臣，皆爱戴花，皇帝出行，随从侍卫几乎人人簪花。司马光对此就颇为反感，认为“殊失丈夫容体”。再者，宋代的贵

■(图 5-12)《宋仁宗后坐像》中
的皇后所着的袆衣服饰形象

（图 5-13)《宋仁宗后坐像》中
的侍者所戴的花冠服饰形象

族女子冠饰，在沿袭前世高冠、花冠的基础之上，冠的形状愈加高大，名目日益繁多，有龙蕊髻、芭蕉髻、朝天髻、大盘髻等，装饰也更为丰富。宋以高髻为时尚，其中冠高有竟达一米的，冠宽与肩等齐。人们在梳妆时常在头发中加添假发，或直接装假髻，髻的周围多环以绿翠、扎以彩缯、间以玉钗或用丝网固定，冠后常有四角下垂至肩，冠的上面装饰有金银珠翠、彩色花饰、玳瑁梳子等。戴这种高大的冠饰坐轿子时，必须侧着头才能进轿门。

风俗画

两宋时期，市井贸易发达，工商业空前繁荣，在城市中以商业和手工业为生计的市民阶层不断壮大。此外，随着画院创作题材的扩大，这一阶层的市井生活也相应在院画中成为重要的组成部分。于是所谓的"风俗画"就兴盛起来，这标志了我国人物画从北宋开始，主流题材的进一步扩大。从王侯将相、圣贤道释、后妃仕女等主题，发展到了描绘田家、渔户、行旅、婴戏、村牧、历史故事等民间生活面貌，同时也标志了宋代人物画对于绘画现实意义的进一步开拓。

早在北宋初年，就有技艺高超的精品画作问世，如王居正的《纺车图》卷（图5-14）就是其一。该图绢本设色，无作者印款，原为赵孟頫旧藏，有其二跋，称为王居正作，跋曰："图虽尺许，而笔韵雄壮，命意高古，精彩飞动，真可谓神品。"并有诗云："田家苦作余，轧轧操车鸣。母子勤纺织，不羡罗绮荣。童稚善自乐，小龙恬不惊……"今二跋已不存，仅有明、清袁廷玉、吴宽、刘绎、陆心源等题跋，现藏故宫博物院。

真正将两宋风俗画推向高峰的是北宋末、南宋初的人物画家苏汉臣（生

▌(图 5-14)《纺车图》中所
表现的村妇服饰形象

卒未详），专长人物画，尤擅儿童题材，在北宋宣和间任图画待诏，南渡后为承信郎。他的作品《秋庭婴戏图》，成功地表现了儿童形象及其游戏时天真活泼的情趣，笔法简洁劲利，色彩明丽典雅（图5-15）。

本幅绢本设色，庭院中姊弟二人围着小圆凳，聚精会神地玩推枣磨的游戏。不远处的圆凳上、草地上，还散置着转盘、小佛塔、铙钹等精致的玩具。背景部分，笋状的太湖石高高耸立，造型坚实挺拔，周围则簇拥着盛开的芙蓉花与雏菊，这样的布局，不仅冲淡了湖石的阳刚之气，也充分点出秋天的节令。由于画中姊弟俩所玩的枣子，是中国北方的作物，在当时的江南并不生产。加上全画的描写，尤为细腻、写实，符合北宋末期的宫廷院画特质。二童服饰皆为上襦下裤的形制，中衣为交领右衽，腰间系丝带，脚穿浅口履。

（图5-15）《秋庭婴戏图》中的儿童服饰形象

北宋还有一幅至今存世的风俗画巨作不得不提,那就是张择端所作的《清明上河图》卷。张择端宋徽宗时供职翰林图画院,专工界画宫室,尤擅绘舟车、市肆、桥梁、街道、城郭,后以失位家居,卖画为生,他是北宋末年杰出的现实主义画家。

今得见的《清明上河图》卷,气势恢弘,长528.7厘米、宽24.8厘米,画有587个不同身份的人物,个个形神兼备,并画有十三种动物、九种植物,其态无不惟妙惟肖,各种牲畜共五十六匹,不同车轿二十余辆,大小船只二十余艘。画家选取了汴梁城市中的一个局部,细细加以描绘,犹如现场录像中的一段切片。从外城的菜园子,一直画到内城最为繁华的地段,让观者看得有滋有味。这幅巨制也是《东京梦华录》、《圣畿赋》、《汴都赋》等著作的最佳图解,具有极大的考史价值,继承了北宋前期历史风俗画的优良传统。

宋代对士、农、工、商的服饰,限制极为严格。孟元老《东京梦华录·民俗》记载:"其卖药卖卦,皆具冠带。至于乞丐者,亦有规格。稍似懈怠,众所不容。其士、农、工、商,诸行百户,衣装各有本色,不敢越外。谓如香铺裹香人,即顶帽披背;质库(当铺)掌事,即着皂(黑)衫角带不顶帽之类。街市行人,便认得是何色目。"而为酒客斟汤换酒的妇人,必"腰盘青花布手巾,绾危髻"等。可见,在宋代,除从服饰上可以看出等级差别外,还可以看出他们所从事的行业(图5-16)。

仕女画

宋代仕女画承前代流风,虽没有唐代仕女画的典雅大气,却另辟新径,

（图 5-16）《清明上河图》中所体
现的市井百姓生活服饰面貌

往精致化方向发展，且加入了更多现实主义的要素。宋代仕女画在传神方面，比起唐代，是毫不逊色的。从宋代的传世人物画作品来看，力求达到物之情态、形色自然、形神兼备的写实手法，是唐代无法企及的。而这些转变，都使宋代仕女画的欣赏趣味开始增强。

另一方面，随着礼教的深入和理学的兴起，社会风气反而谨小慎微起来，"存天理，灭人欲"。在这样的风气下，仕女画殊乏容身之地，因此，一方面，仕女画数量在北宋明显减少；另一方面，仕女画在意境、表现形式等方面也开始拘谨保守。

"士女牛马，近不及古。"——北宋郭若虚《图画见闻志》

正是由于既倡礼教又耽享乐的社会情境，决定了宋代仕女画的表现必然遵从于这样的社会情境。因此，宋代仕女画中的仕女皆严装妍艳、规规矩矩，但又绚丽精致，讲究细节，充满情调。这种多元文化形态使宋代对女性的审美习俗也为之一变。与此同时，一个直接的结果，就是女性缠足逐渐风行起来。

规矩之上，标准确立。在此基础上，当时的院体画家中不少善画仕女画，并且在情趣、意境上寻求突破，确立了一套画仕女的标准，并成为明代仕女画家效仿的对象。

如宋代钱选的《招凉仕女》册（图 5-17）就是典型的宋代仕女画样式。元初与赵孟頫等称为"吴兴八俊"。南宋灭亡之后，他的朋友赵孟頫等纷纷应征去做元朝的官员。独有钱选"励志耻作黄金奴，老作画师头雪白"，不肯出仕元朝，甚至将自己多年研究的经学著述都烧掉。甘心"不管六朝兴废事，一樽且向画图开"。图中两位佳丽头顶高冠，身披轻纱，婷立于园中消暑。

在服饰上，宋代仕女画中的人物装束与唐代仕女画中的人物装束区别很

■左图：(图5-17)《招凉仕女》
中的女性服饰形象

■中图：(图5-18)《瑶台步月图》
中所表现的南宋贵妇服饰形象

■右图：(图5-19)《歌乐图》
中所表现的南宋乐伎服饰形象

大，唐代服饰开放夸张，前胸半露，薄衣轻纱，轻纱透体；宋代仕女画中
人物服饰拘谨保守，层层包裹，不得有一点外漏，唐代袒胸露臂的装束已经
荡然无存。宋代女装通常是上身穿窄袖短衣，下身着长裙，在上衣外面再穿
一件对襟长袖小褙子，褙子的领口和前襟，一般都绣上漂亮的花边作为装饰。
在妆饰上，唐代浓艳、热烈、张扬的妆饰到宋代也已经无所寻觅，而代之以
自然朴实。在髻式上，女性发式承晚唐遗风，也以高髻为尚。但宋代整体妆
饰风格已没有唐代那么浓艳了，而是倾向于淡雅自然。

　　再如陈清波的《瑶台步月图》(图5-18)和南宋佚名的《歌乐图》卷等(图
5-19)。所不同的是，这两幅图的服饰内容为典型的南宋样式，即高冠髻、

小袖对襟旋襖（旋襖，是由唐代上襦发展而成，两宋通行约三百年，到南宋则日益加长，也有称之为"褙子"）和长裙等。

· 壁画中的服饰图像

河南登封墓室壁画

较之于宫廷卷轴画的理性、精致和缜密，壁画中的服饰形象则更具有宋代市井的生活气息，例如近年在河南省登封市郊发现的一座满室彩绘的宋代壁画墓，就为研究中国古代中原地区的服饰和绘画艺术提供了生动的图像资料。

这一墓葬结构完整、满室彩绘，壁画内容丰富，是当时现实生活的写照，其描绘、设色、施彩都有很高的艺术水准，墨迹清晰、栩栩如生，是中原地区壁画艺术中的精品，具有重要的历史、艺术和研究价值。

由壁画可见，宋代女子不论主仆，皆着小袖对襟旋襖，衣长及膝，从缘饰可见内外两层，内再着裙裳，于胸部以上和腰部加束。头部多云髻高束，形成团状，加发簪，而年长者会以裹巾包头，露出高髻来（图5-20）。

▌（图5-20）河南登封墓室壁画中的主人与侍女的服饰形象

■左图：(图 5-21)陕西韩城盘
乐村宋墓壁画

■右图：(图 5-22)陕西韩城盘
乐村宋墓壁画中的乐女服饰
形象

《陕西韩城盘乐村宋墓壁画》

陕西韩城盘乐村宋墓壁画据考当绘制于北宋末期至南宋初，墓室北壁的壁画描绘的应当是墓主人，身份当为民间医生。画中所描绘的也是平常研方磨药的场景（图 5-21）。

由画中制药男子，结合《河南登封墓室壁画》可见，宋代百姓多戴乌纱方巾，着圆领袍衫，袍长及足背，内着交领中衣，领部露于圆领

西壁的壁画则是宋代杂剧表演的场景。场上的十七人可分为乐队和演员两大部分——其中演员五人，或盘坐木椅、或手持红牌、或双手抱拳、或腰别团扇，煞是生动。乐队十二人，十男二女，男性头戴直脚幞头，身着官服，

或击大鼓、或打腰鼓、或击打拍板、或吹筚篥、或手持笏板，女性头戴团冠，手持竹笙，衣着对襟褙子，内穿低领连衣裙裳。该壁画五名演员可能就是北宋杂剧中的末泥、引戏、副净、副末、装孤五个角色。

而东壁壁画绘制佛祖入涅槃的情景，壁画中心区域绘佛祖身披袈裟，作吉祥卧，头北足南，面西，表情安详。其周围佛祖十大弟子或作蒙面拭泪状，或作捶胸大叫状，或作礼佛痛哭状。壁画中有两个留短须的汉装人物站立佛祖脚边，其中一人挽起右手抚摸佛祖的左足，另一人持手炉面向佛祖。壁画最右侧有三人，均赤裸上身，裤脚卷起，裸足，或挥舞拍板，或吹横笛，或手舞足蹈。

山西高平开化寺北宋壁画

再来看开化寺西壁的壁画，是遗存不多的北宋佛教寺观壁画的代表作，由画匠郭发始作于宋哲宗绍圣三年（公元1096年）。线条圆润流畅，赋色清雅，加沥粉贴金，几近卷轴之精细。

画中内容丰富庞杂，仅就其中的幞头造型便可见直脚、交脚、朝天脚蹬格式，形状皆方，衣着与前述内容大同，而从那些帝王将相的服饰中可见宋时才有的"方心曲领"之配饰（图5-23）。

所谓"方心曲领"是一种上圆下方、套在项上的锁形装饰，用来防止衣领雍起，起压贴的作用，亦有"天圆地方"的寓意，是为宋时理学昌隆的另一种表现，而与之相配的服饰为"通天冠服"，包括云龙纹深红色纱袍、白纱中单、深红色纱裙、金玉带、蔽膝、佩绶、白袜、黑鞋、通天冠等，是仅次于冕服的一种官服。

▌(图 5-23) 山西高平开化寺北
宋壁画中的帝王将相服饰形象

·雕像中的服饰图像

晋祠圣母殿北宋彩塑

说到宋代塑像不得不提太原市晋祠圣母殿塑像群，创建于北宋天圣（公元1023-1031年）年间，是为祭祀西周武王后、唐叔虞之母邑姜所建。殿内尚存43尊彩绘塑像，除圣母像两侧小像是后补者外，其余都是宋初原塑。

例如其中一尊彩塑侍女立像（图5-24），梳盘髻，着衫裙，披褙子。宋代的褙子是长袖、袖窄、衣长、腋下开衩的形制，即衣服的前后片在腋下不缝合的服装样式。褙子为了模仿古代服装的形式，在腋下和背后缀有带子作装饰，这样做的目的是表示"不忘传统"。由于侍女经常穿着这种衣服侍立于主人的背后，因此得名"褙子"。

再来看一尊着交领襦裙的彩塑侍女立像（图5-25），该女梳双丫髻，臂绕披帛。宋代因袭了唐代的襦裙，将其作为女子日常生活中的主要服饰。由于受少数民族服饰的影响，宋代襦裙的衣襟形式可左可右。而在裙子身前中间的束腰飘带上常挂有一个玉制的圆环饰物——"玉环绶"，用来压住裙幅，使裙子在人体运动时不至于随风飘舞而失优雅庄重之仪，亦含礼教之深意。

宋代的裙子有六幅、八幅、十二幅的形式，多折裥。裙子上的纹饰更是丰富多彩，有彩绘的，有染缬的，有作销金刺绣的，有缀珍珠的。裙子的色彩以郁金香根染的黄色最为高贵；也有红色裙，多为歌舞伎穿着，如陕西韩城盘乐村宋墓壁画中的乐女服饰形象便是如此。

/ 结 语 /

中国思想文化经历五代至两宋的发展，由唐时的积极进取、兼容并蓄，转变成了重文轻武，恬淡内敛。这种变化，所导致的不仅是封建社会由盛转衰的历程，还带来了中国社会精神的全面转向，以及中国社会的文人化倾向。黄袍加身的赵匡胤奠定了宋代重文抑武的基本国策。文人们政治上有了积极参与的热情后，在学术上通常也具有强烈的使命感，由此出现了著名的程朱理学。与此同时，儒、释、道三教更趋合一，这种思想塑造了宋代士大夫迥异于前代文人的文化性格，他们的人生态度渐趋平和、理智、稳健和淡泊，更善于将安邦治国、追求政治参与的热情与追求内心的自由宁静和谐统一起来，更易于沉浸于日常生活的闲适、安逸，这表现他们在文艺风气上由唐代的绚烂高昂，转向宋代的细腻精致，这些在宋代绘画中表现尤为突出。

而至于服饰，同样也体现了相应的历史变化特征。从王朝初年的简朴到王朝末年的奢侈，一方面表明了社会经济的发展，另一方面也说明了统治阶级的日渐腐朽。其次，宋代的服饰中明显地反映了少数民族的影响，朱熹说："今世之服，大抵皆胡服，如上领衫、靴鞋之类，先王冠服扫地尽矣。"这是长期以来民族交往和民族融合的结果，可见民族之间的文化交流起到了丰富人们的物质和文化生活的作用。而且，缠足之风始于宋朝，也进一步说明当时的审美观念，与绘画一样，日趋精致，而至"变态"的程度。最后，宋代丰富多彩的市井生活，不仅影响到院画的题材，也深入到了服饰文化的方方面面，较之程朱理学之于服饰的影响，丝毫不弱，使两宋之服饰面貌呈现出多样性和世俗性的风貌。

第六章 —— 少数族裔的盛宴

辽金元的服饰图像

公元 10 世纪上半叶至 12 世纪初，我国东北和西北地区的辽、金等少数族裔先后兴起。辽在立国之前即契丹，世居辽河流域，强盛于五代后梁时，并由耶律阿保机立国，至公元 1125 年受金、宋夹攻而亡。金国是以女真为主体建立的王朝，兴起于黑龙江、长白山一带，其创建者是金太祖完颜阿骨打。金一度曾统治了我国北方的大部分地区，与南宋形成对峙的局面。随着蒙古帝国的兴起，在蒙宋夹击之下，金亦至失国。

辽、金在兴起之后，一方面与中原为敌，挑起战火，另一方面又不断吸收汉民族的文化艺术，创造了中国少数民族政权在绘画方面的较高水平，是中国绘画史上不可分割的一个组成部分。辽、金政权吸纳了大量的中原绘画能手，部分画家或在中原学习画艺，又为自己的国家所用，因此在绘画风格和技法上无不体现出仿效中原的风貌。如在金国存在的近一百二十年间，金、宋矛盾尖锐，战事频繁，但女真却在文化艺术方面大量吸取汉民族的传统。金的宫廷在"秘书监"下设立"书画局"，又在"少府监"下设立"图画署"，就是在"裁造署"内也有绘事，足见金对于绘画的重视。

两宋时期，契丹、女真装束在社会上就相当流行，主要影响就在于左衽。契丹人之袍衫以左衽、长衣、圆领、窄袖为主。圆领长袍是契丹男子的本族装束袍长至膝下，袍外有围"捍腰"者，就是在腰间系一皮围，袍外还要束带，下裳为裤，穿靴。契丹习俗中最为重要的是男子发式多作髡发（将头顶处头发剃去）（图 6-1）。契丹女子多穿黑、紫、绀等色的直领对襟衫子，也有左衽的式样，皆称为团衫，非常宽大，前长拂地，后长曳地尺余，双垂红黄带，裙摆宽大，绣全枝花，下不裹足而穿靴。钓墩也是契丹女子服饰之一。

■(图6-1)辽代壁画中的契丹
男子服饰形象

女真入燕地后，吸收了宋代官服制度，用冕服官服。金男子服装窄小，左衽，着尖头靴，男子发式却与辽人完全不同。《金史·舆服志》中就有女真族服饰"以熊鹿山林为文"的记载。鹿的图案大量被采用，除其本身的外形较为优美，便于用作装饰外，还有一个原因，即鹿与汉字的"禄"同音，富有吉祥的含意。金女子着团衫，下穿襜裙，腰系红黄巾带，花式颜色都承辽制，特别之初是襜裙中以铁丝圈为衬，使裙摆丰满蓬起来。虽然和汉族装束有一定差异，但从式样宽大的女服可看出女真族已逐渐失去其游牧民族的特性（图6-2）。

13世纪初，蒙古族兴起于塞北，自成吉思汗统一，至公元1279年忽必烈入主中原，建立元朝。元立国后，民族间的关系相当复杂。蒙古贵族统治者一面接受儒家思想和程朱理学，另一方面又保持本族原有的习俗风尚，因而也难以使汉族的士大夫接受。在政策上，统治者对汉族士大夫采取分化的办法，一方面给以高官厚禄，一方面加以镇压，使得一部分士大夫彷徨徘徊，终于苦闷地走向山林，做起了隐士，放浪于山水之间，来回避现实。在元朝统治的将近一个世纪内，政治、经济和文化一度陷于衰退。

元代在宫廷里，为了单纯的实用目的，在大都"祗应司"之下，设立了"画局"、"裱褙局"，与"油漆局""销金局"同等，其地位可见一斑。元代的"画局"与宋代画院不同，内"提领五员，管勾一员，掌诸殿宇藻绘之工"。至于像"奎章阁学士院"，下设"群玉内司"，只掌管收藏的图书宝玩，亦不是一个书画创作的机构。因而，元代的统治阶层不及两宋那样重视绘画。

不过，继南宋以后，文人画却在元代取得了突出的发展成就。这得益于一大批宋代入元的画家之贡献。这个时期水墨写意画的风格进一步形成，由此也奠定了文人画在绘画中超逸和高尚的地位。此时文人画家进一步将书法与绘画结合，大量出现了诗、书、画三者巧妙结合的作品，使卷轴画更富文学气息。

"方今画者，不欲画人事，非画者不识人事，是乃疏于人事之故也。"——陈玄（观任仁发《瘦马图》有感）

元代人物画的进展，不如花鸟画，更不如山水画。文人画家的志趣似乎都关注于山水、梅、竹的创作上。恐怕就是文人画家尽量回避接触和反映社会使然。因而风俗画、历史故事画和肖像画等其他类型进展不大。

▌（图6-2）《文姬归汉图》中的金人服饰形象

从内容上看，元代人物画像元代文学那样具有比较积极意义的作品，几乎没有流传之作，即便有，也只在民间绘画中。与之相反，在宋代一度呈现衰落之势的道释题材，到了元代，由于统治阶级采取保护一切宗教的政策而再度兴盛起来。不过此时的道释人物创作多由民间画工完成。

如果说辽、金的绘画艺术，是在与五代及两宋长达三百多年的民族矛盾与交融中，深受由中原兴起的院画和文人画的影响，而获得了长足的进步的话，那么这一时期所取得的全面提高，为元代的画艺发展创造了极为有利的条件。于是在元朝将近一个世纪的统治时期，人物主题画发生了较大的变革和分流，开创了始于元代的文人画表现样式。

蒙古族入关后，除保留其固有衣冠外，也采用汉族的朝祭服饰，即冕服、朝服、公服。戴幞头、穿圆领袍衫则是汉族男子的特征。

元代男装以长袍为主，公服多从汉俗，近乎宋式，盘领、右衽、大袖，戴舒角幞头，名唐巾。冬帽夏笠则是蒙古的传统。而"质孙服"才是蒙古本族服饰，形制为上衣下裳相连，衣式紧窄，下裳较短，腰间打许多褶裥，肩背间贯以大珠为饰，有圆领、方领。又有"辫线袄"，是一种圆领、紧袖、下长过膝、下摆宽大、腰上部分打上细密横褶后缝以辫线的"腰线袄子"。元代"比肩"和"比甲"亦很盛行，比肩是穿在袍外的半袖裘皮服装，类似半袖衫，男女皆服，俗称"襻子答忽"。与宋"貉袖"或"旋袄"形制近似。而比甲则为无袖、无领、前短后长，前后两片用襻系结的背心状服饰（图6-3）。

元代女子多着袍服，汉人称蒙古的袍服为团衫或大衣，形制宽绰，多为左衽、大袖而小袖口，长可曳地。头戴姑姑冠，从额眉处覆一层头箍形状的软帽，帽顶正中竖起一个上广下狭的高大饰物，装饰各种珠宝（图6-4）。

■左图：(图6-3)元代敦
煌壁画中的蒙古男子服饰
形象

■右图：(图6-4)元代敦
煌壁画中的蒙古女子服饰
形象

　　而当时的汉人，尤其在南方，妇女仍以襦裳为多，半臂依然盛行，面料增加了棉。元代纺织业的发展，使棉布成为江南人们的主要衣料。黄道婆改进了棉纺织工具后，令松江成为棉纺织业中心，提花、印染工艺很高。

　　辽金元时期是中国历史上第一次少数民族由兴盛到吞并中原完整过程的集中体现，而绘画艺术与服饰文化的交融，以至少数族裔占主导地位的结果，急剧影响了以汉服为经典的中华服饰传统，并逐步摧毁了原有的以汉服为中心的系统。

·卷轴画中的服饰图像

《射骑图》

《射骑图》的作者是李赞华，本名耶律倍，契丹人。李赞华是辽太祖阿保机长子，随父出征渤海，封东丹王。好汉学，能文善画，知音律。他工画契丹人马，多写酋长贵族，胡服鞍马，猎射奔驰。

该幅册页，绢本，设色，藏于台北故宫博物院（图6-5）。《射骑图》构图简洁，人物身躯低矮，长胴短脚，却能征善战，疾走如飞。马具复杂而华丽，尤其五朵红缨格外夺目。一个中年契丹贵族立于马前，手持弓箭，其形象有着鲜明的民族特色：头顶剃光，四周蓄发，其发额前稍短，两鬓较长，后脑梳两细细的小辫，垂于两肩。从脖颈处露出的红色领子看，他穿着左衽的中衣，外罩圆领、窄腰、长度过膝的长袍，脚蹬皮靴，腰部束一块白色的皮筒卷，即田猎时所穿的"悍腰"，上束金　装饰的革带，左右腰间分别挂着弓囊、箭筒，形象外柔内刚，利索强悍。

李赞华的《射骑图》，画风精谨入微，写实而细致，敦厚而丰美，再结合他的出身背景，足可见本图所能体现契丹的贵人酋长，胡服鞍勒，是我们了解当时服饰形象的最佳诠释。

《卓歇图》

今故宫绘画馆藏有传为胡瓌所作的《卓歇图》卷（如图6-6），画契丹部落酋长与骑士在宴饮休息，人马数十，动作变化无有同者，所画胡人，头顶剃光，只在耳旁留长发二绺，并不梳辫。

若从服饰内容的角度看，《卓歇图》卷与胡瓌所处的时代有异，沈从文

■（图 6-5）《射骑图》中所表
现的契丹男子服饰形象

▌(图6-6)《卓歇图》中所表
现的金人服饰形象

▌(图6-7) 契丹人髡发的两种形制

先生就认为"本图作者时代可能比胡瓖略晚。"笔者以为所言极是。此图中共画人物四十一位，可见髡顶者二十七人（髡顶即髡发，是按照一定的样式剃光头顶或头部其他部位的头发，系古代北方少数民族的风俗习惯，各民族的髡发部位亦不相同）。辽、金服饰皆仿唐制，唐服融合了汉、胡服饰的特点，极易被后来北方的少数民族所吸收。图中骑者们多圆领、窄袖、长服，是辽、金服装的共同特征，其发式皆属古代髡发类中的半剃型。

但是，辽、金人的根本区别在于头发剃、留的部位截然不同：契丹人仅剃颅顶和后脑之发，留法有二式，一为髡顶披发式，二为髡顶长鬈式。契丹人结辫发的部位是"番官戴毡冠，额后垂金花织成夹带，中贮发一总"。入冬或遇战时，契丹人将辫发藏于帽内，与金人露辫于外者迥然不同（图6-7）。

而"金俗好衣白，辫发垂肩，与契丹异，垂金环，留颅后发，系以色丝。"金初，女真人对髡发的要求十分严格，额前不留丝发，髡顶须净，《大金国志》卷八曾载："金国所命官刘陶守代州，执一军人，于市验之，顶发稍长，大小且不如式，斩之。"这种苛刻的髡发之制由此可见一斑。

以相邻异族的形象表现某个区域的少数民族是中国古代绘画创作的常用手法，这类脑后垂双辫的发式在明代以后成了表现古代北方少数民族的程式。而这件《卓歇图》中的人物恰恰无一类同于辽代契丹人的发式，却与金代的史籍记载和宋、金卷轴画中的样式十分相似。这在宋、金的人物画里屡见不鲜，如金人杨微《二骏图》卷中驯马手的装扮（图 6-8），金人张瑀《文姬归汉图》卷里的匈奴人和南宋《便桥会盟图》中的突厥人等，事实上都取自于女真人的服饰和发式。

再者，金人之常服有四：带，巾，盘领衣，乌皮靴。其束带曰"吐鹘"。巾之制，以皁罗若纱为之，上结方顶，折垂于后。顶之下际两角各缀方罗径二寸许，方罗之下各附带长六七寸。当横额之上，或为一缩襞积。贵显者于方顶，循十字缝饰以珠，其中必贯以大者，谓之顶珠。带旁各络珠结绶，长

▌（图 6-8）《二骏图》中的金人服饰形象

半带，垂之，海陵赐大兴国者是也。其衣色多白，三品以皂，窄袖，盘领，缝腋，下为襞积，而不缺袴。因此，据画中大多数人物髡顶、脑后垂双辫的发式和方顶黑巾等特点，当属金代女真人的风俗，故极可能出自金代汉族画家的手笔。

此外，席上的戴帽儒士和周围四位侍女所着的汉服亦能证实此作的年代（图6-9）。在有关辽代的诸种史籍里，尚未有辽人强迫域内汉人接受契丹文化的记载，汉人的服饰和发式等仍有延续本族传统的相对自由，辽墓壁画里就画有着右衽的汉人。金初则不然，据《大金吊伐录》卷三载，天会四年（公元1126年）十一月，枢密院谕告两路指挥："今随处既归本朝，宜同风俗，亦仰削去头发，短巾，左衽。敢有违犯者，即是犹怀旧国，当正典刑，不得错失。"降金的宋臣在"命下日，各髡发左衽赴任"。一时，因右衽和总发而遭杀戮的汉人可谓"莫可胜记"。那么，图中着汉服者一律左衽，决不会是作者在随心所欲。范成大的《揽辔录》论及了金朝的女装："民亦久习胡俗……衣装之类，其制尽为胡矣。自过淮已北皆然，而京师尤甚。惟妇女之服不甚改，而戴冠者绝少，多绾髻，贵人家即用珠珑璁冒之，谓之方髻。"类同图中的侍女之装，侍女的身段趋于修长，面渐瘦削，颇近北宋山西太原晋祠里的侍女造像，这种样式很可能与北宋仕女造型的时代风格有关。须进一步指出，席上着左衽者所戴的高帽属北宋末"东坡巾"类，金代对鞋帽之类并无苛求，崇尚苏轼是当时普遍存在的文化现象，至于他的身份，应是金朝的儒士或南宋的使臣，宋朝多遣儒臣使金。前人认为此人是契丹贵族的夫人，实不敢苟同。据笔者陋闻，未曾见有北方少数民族女扮汉儒的风俗史料，其抄手趺坐式也是值得怀疑的坐姿，另外，在古代绘画中，胡须并非

（图 6-9）《卓歇图》中的汉人
服饰形象

是区别男女的唯一表现手法。故笔者以为，该画是描绘女真贵族在行猎间歇中邀儒士宴饮、观舞，表现女真人的日常生活的画卷。南宋诗人陆游曾描写过"中源驿中捶画鼓，汉使作客胡作主……"的情景，图中严格的服饰制度与熙宗朝不符。

通过对《卓歇图》成画年代及其画中所表现的服饰内容和形制、表现方式和主题等的初步分析和判断，可以充分说明，该画作是研究金代初期北方少数民族服饰的极有参考价值的图像史料，也可辨明契丹人、女真人与汉人在那一时期的服饰特征和差异。

宫廷肖像画

到了元代，仍有一大批职业画工服务于宫廷，为帝后作像。从台北故宫博物院藏的《元代帝后像册》和北京故宫博物院藏的《元代后妃太子》册可见，这些半身像无论体貌、服饰都描绘得十分真实，甚少奇异之像或美化的痕迹。

《元世祖忽必烈像》（图6-10）中人物髠顶垂发，头戴银鼠暖帽，身披右衽交领白袍，其发型装束反映出蒙古族游牧生活的衣冠样式。元代蒙古族男子上自成吉思汗，下至国人，均剃"婆焦"，这是将头顶正中及后脑头发全部剃去，只在前额正中及两侧留下三搭头发，如汉族小孩三搭头的样式。正中的一搭头发被剪短散垂，两旁的两搭绾成两髻悬垂至肩，以阻挡向两旁斜视的视线，使人不能狼视，称为"不狼儿"。

又如《元世祖后彻伯尔像》（图6-11），眉妆作"一字眉"，头戴大红"罟罟冠"，大红交领团衫衣缘上绘有金色"纳石失"纹样，其余珠绣描绘皆精。这些服饰装束都与元代《舆服志》吻合，可见其写实程度甚高。

■左图：(图6-10)《元世祖忽必烈像》
中所体现的服饰形象

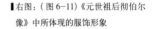

■右图：(图6-11)《元世祖后彻伯尔
像》中所体现的服饰形象

"罟罟"乃蒙语对冠的称呼，故也有译作"姑姑、故故、顾姑、固姑"等的，其制以桦木为骨，包以红绢，金帛顶之。上层贵妇用珠翠或五彩锦帛饰之，令其飞动，平民则用野鸡毛装饰，莫高窟和榆林窟等元代壁画中亦可见。此冠在南方社会中罕用，是蒙古本族女子冠式。

元代的蒙古贵族女子袍式宽大，袖身很肥，但袖口收窄，衣长拖地，走路时常需两个女婢扶拽。这种宽肥的袍式，被称为"团衫"或"大衣"。其采用的面料多为织金锦、丝绒或毛织品等。而流行使用红、黄、绿、茶、胭脂红、鸡冠紫、泥金等色彩。

若将这两幅图与北宋时期的宫廷肖像画比照，两者在服饰表现之线条和设色技法上一脉相承，可以说即是北宋时期之延续。由此亦可见元代宫廷肖像画仍是有所发展的，也代表了当时日趋专业化的肖像画家表现服饰的最高水平。以宫廷画工为代表，以实用功利为目的的肖像画，直接承袭自北宋以来就已相当成熟的宫廷样式，描绘服饰之线条和设色较之宋人进一步精研，体现了北方少数民族特有的审美风尚，淳厚而细腻。

《杨竹西小像图》

由于文人画在元代的盛行，人物画中的肖像主题多为画家所不肖，肖像画进一步与士人绘画分流。而肖像画家也日趋专业化，广泛活跃于宫廷和民间，虽不及文人画影响大，但已呈现出具有鲜明自身特色的服饰表现手法，以及比较系统的理论著述。因而，元代也成为肖像画独立发展的开端。

元代留名于史册的重要肖像画家是元末的王绎，著有《写像秘诀》，为其画肖像的经验之谈。其中《彩绘法》、《写真古诀》、《收放用九宫格法》等内容，为现存较古之画像技法类著述。

其传世作品有至正二十三年（公元 1363 年）作《杨竹西小像图》卷（图6-12），是其仅有存世作品（与倪瓒合作），藏于北京故宫博物院，纸本，水墨。本卷描绘元末寄情诗酒、放浪松竹坡石间的杨谦(号竹西居士，松江人)肖像，由倪瓒补景，并有倪氏书款题记，后有元代诸家题跋，是流传有绪的杰作。卷中人物面部以细笔淡墨勾描，略染淡墨，甚为传神，而衣纹则用极概括和简练的铁线描法，又仍不失立体感，承自唐代服饰描写线条之体。同时，王绎虽为肖像画家，亦脱不开当时文人画风尚影响，故该作品当属文人肖像画之样式类型，开写照风气之先，具有里程碑式的意义。

王绎以后，从事肖像画创作的人员散布在各个阶层，既有专职的画工，也有文士和官员兼作画事。

若从服饰的角度看，元代汉族的文士服饰基本保留了汉服传统，杨谦头

■(图6-12)《杨竹西小像图》
中的文人服饰形象

戴玄色方巾，身披右衽交领大袖衣，衣襟、袖口和衣摆皆有玄色缘饰，内穿衣长及地的大襟长衫，翘头青丝履露于衫外，腰系青丝带，带缀悬于中。

《元世祖出猎图》

此图绘元世祖于深秋初冬之时率随从出猎时的情景。画面上，荒漠广袤无垠，远处沙丘起伏，载物的驼队正缓缓而行。近处元世祖忽必烈及随从们勒马暂驻。元世祖头戴红色暖帽，外穿银鼠裘皮氅，内着金云龙纹朱袍，脚蹬朱皮金丝靴，腰配金銙带，乘一匹黑马，侧身向后张望。旁为一衣着华丽的妇人，或为皇后。随从诸人勒马环绕周围，有架鹰的，有携猎豹的。一少年正侧身挽弓欲向空中的飞禽劲射，众人的目光大都被这一举动吸引，注视着是否能弓响禽落。

图中人物用铁线描，线条细劲流畅，设色浓丽。人物刻画得生动自然，如世祖的雍容、挽弓少年的专注都画得很传神。图中马匹亦各具姿态，体现出作者对此类生活的稔熟，观察之精细和深厚的功力。此图不仅是一幅优秀的人物鞍马画作品，亦是研究元代前期宫廷服饰的重要资料。

▌(图 6-13)《元世祖出猎图》
中的人物服饰形象

图左下署"至元十七年二月御衣局使刘贯道恭画",按至元十七年（公元1280 年），为刘贯道补入御衣局的第二年。近年有学者认为此图缺乏质朴豪纵的气息，可能系由元中后期宫廷画家所追画的，笔者认同这一观点，若比较下文所述的《消夏图》绘人物服饰之笔法，一望而知与刘贯道作品差异甚大。

《消夏图》

总体而言，元代的卷轴人物画发展远不及山水、花鸟等文人画来得兴盛，一如本章绪论所述之原因，而且部分画作恰是反映了汉族文人雅士置身事外的逍遥政治生态，如《消夏图》就是这样的作品。

刘贯道（约 1258—1336 年），字仲贤，中山（今河北定县）人。《图绘宝鉴》记载，刘于"至元十六年写裕宗容称旨，补御衣局使"，遂成为宫廷画家。

(图6-14)《消夏图》中的
汉服女子服饰形象

刘贯道善画人物、道释、山水、花竹、鸟兽，道释人物师法晋唐。刘氏作画用笔凝练坚实，造型准确，形象生动传神，有宋院画遗规。

《消夏图》卷，绢本设色，美国堪萨斯纳尔逊画廊藏。描写了文人闲适生活，作品以重屏为背景，画中有画，较为别致。蕉荫竹影之下，一文人独卧榻上，意态舒畅洒脱。绘画笔法坚实流畅，人物造型准确，非常接近宋代院体人物画风貌，当属刘贯道真迹。

再看其中人物服饰，一派汉服传统样式。榻上之人，头裹巾子，身穿魏晋以来的裲裆衣，外披交领大袖衫，敞衣坦胸，与《竹林七贤》仪态像极，即是魏晋风度的传达，表现不问世事的文士心态。而站立榻前的一对侍女，也沿袭着两宋以来的襦裙与披帛的装束，头插掐丝发簪，裹红巾，腰系绸带，带上系一香囊，云头丝履露于裙外（图6-14）。

而且，元代的卷轴人物画开始呈现出对传统题材的热衷，追摹拟古的画作大量出现，如赵孟頫的《人马图》《浴马图》，何澄的《归庄图》，张渥的《九歌图》《雪夜访戴图》，王振鹏的《伯牙鼓琴图》，任仁发的《张果见明皇图》等。虽不乏艺术创作之文人情趣，但于服饰研究之意义不大。

· 壁画中的服饰图像

辽墓壁画

辽代所处的时期，正是中国历史发生急剧变化的时代，盛唐的衰落、少数民族政权的崛起、宋政权的软弱等等，所有这些却造就一个共同的结果：契丹族和汉民族之间的文化传承与交融。而这种文化上的传承和交融，必然会在服饰上有所体现。

"太祖帝北方，太宗制中国，紫银之鼠，罗绮之筐，麋载而至。纤丽？毳，被土绸木。于是定衣冠之制，北班国制，南班汉制，各从其便焉。"——《辽史•仪卫志》

这种制度乃"以国制治契丹，以汉制待汉人"，是官分南北在服饰制度方面的具体反映。按国制即辽国传统服式，又分祭服、朝服、公服、常服、田猎服、吊服。国服中的常服与田猎服是典型的契丹民族服饰。日常生活中的契丹人服饰内容，比文献记载的还要复杂、丰富、多彩。这些情况，为考古发现的大量辽墓壁画所证实。

一般地说，普通契丹人服饰为：平时男子秃顶或戴皮、毡帽，穿圆领窄袖紧身左衽长袍、束革带、佩匕刀、下裤、足靴。亦穿开襟短上衣。冬衣皮毛。女子包头巾，或小圆帽、皮帽，穿与男子同式的长袍，或左衽短衫、袄，下长裙、裤，着筒靴，束帛带，冬衣皮毛（图6-15）。

女性多着百裥裙，其始于六朝，至宋大兴。宋代流行的百裥裙在辽金墓中也有所反映，如河北宣化下八里辽金三号墓东壁壁画上的妇人（图6-16），头束髻，上身着蓝色对襟短襦，不系裙腰之中；下身穿红色蓝花百裥裙，足着云头履。同为河北宣化的张文藻壁画墓，其后室南壁壁画里的挑灯侍女穿的也是百裥裙。

宋代流行的裙式中还有以裙两边前后开衩的"旋裙"。这种旋裙在辽金墓中也有所体现，如河北宣化下八里辽金六号墓西壁画有《散乐图》舞蹈者（图6-17），梳髻，上穿绿色交领短衣，下穿杏黄色旋裙，绿地白圈红点裤，红色蔽膝，黑色履。

花脚幞头在宋代是宫廷舞乐者所戴的一种幞头，宋孟元老《东京梦华录》

■下图:(图6-15)通辽市布格村
辽代墓室壁画之一号墓契丹侍
从牵马图

■上图:(图6-16)河北宣化下八
里辽金三号墓东壁壁画上的妇
人百褶裙

▌(图6-17)《散乐图》中舞蹈
　女子所着的旋裙服饰

中记载："宰执亲王室百官入内上寿，女童皆选两军妙龄容艳过人者四百余人，或戴花冠，或仙人髻，鸦霞之服，或卷曲花脚幞头，四契红黄生色销金锦绣之衣，结束不常，莫不一时新妆，曲尽其妙。"在上一章的北宋宫廷肖像画中就有侍者头戴花脚幞头和花冠的形象，而在河北宣化下八里辽金六号壁画墓中，西壁《散乐图》中的乐队七人，均头戴形状各异的花脚幞头，上插花卉，眉间涂一黑点（图6-18）。且在十号壁画墓中前室西壁男装女乐亦戴类似的花脚幞头。

元墓壁画

到了元代，壁画以寺观道释壁画为主，而且在继承历代壁画的基础上又有了新的发展，如永乐宫、兴化寺、青龙寺的壁画作品，在画面构图，人物造型及表现技法等方面都有了新的提高。但是，由于文人画的兴起和发展，壁画已不再是画家们所涉及的主要领域了，元代墓室壁画也发现得不多。

据考古发现，最具代表性的有山西大同冯道真墓壁画和北京密云县元代墓壁画，均绘制于元代初期。冯道真墓中的《论道图》《观鱼图》《道童图》和《疏林晚照图》等水墨画似乎出自同一位作者手笔，其内容真实地反映了墓主人这位道教官员的生前生活、情趣和爱好。

图中人物意态生动，景致优美，笔法流畅而苍劲，有南宋人遗规；其章法结构又颇受北宋和金代画法的影响，并且具有文人画的某些特色。北京密云县元墓壁画，人物衣纹勾描娴熟，花卉竹石线条洗练，尤其梅花、竹石作为单幅画面的出现，在前代壁画中极为罕见。上述两墓壁画的发现，对于研究元代早期山水、人物、花鸟竹石的画法和艺术风格的演变有重要价值。其

▌（图 6–18）《散乐图》中乐
师们所着的花脚幞头服饰

他尚有山西长治市捉马村、辽宁凌源县富家屯、内蒙赤峰市三眼井元墓壁画等。

近年来，中原北方地区元代壁画墓陆续有新的考古发现，使我们对这一地区元代墓葬特点的认识也逐渐清晰起来。也有条件对业已发表的一些误断为宋金墓葬的年代得出新的正确认识。

最新发表的《河南尉氏张氏镇墓》便是一例（图6-19）。该墓壁画中男墓主所戴圆顶宽沿帽具有鲜明的特点，可称"钹笠冠"。明人叶子奇《草木子》称元人："官民皆带帽。其檐或圆，或前圆后方，或楼子，盖兜鍪之遗制也。"漳县汪世显家族墓曾有实物出土。女墓主所戴黑色尖帽似未见于已发现的墓葬壁画，应即包髻，江浙一带明墓有多例实物出土。耳坠作葫芦形，株洲元代窖藏中曾有发现，也是元明时期常见的式样。

壁画中男墓主服右衽，而女墓主服左衽。这种对应情况在元墓壁画中比较普遍。关于蒙元男子服饰的形式，文献中有比较明确的记录。南宋彭大雅《黑鞑事略》："其服，右衽而方领，旧以毡毳革，新以纻丝金线，色以红紫绀绿，纹以日月龙凤，无贵贱等差。"元刊《事林广记》插图中所见男子也均作右衽。

关于蒙元女子服饰的文献记录更多着眼于独特的"罟罟冠"，是否左衽，语焉不详。元代御容中皇后则均为右衽。由此，男右衽女左衽的搭配不类纯粹的蒙古装，应是元代中原北方地区将汉族妇女包含在内的一种形式。

2005年重庆市巫山县庙宇镇发掘出一座元代壁画墓，这是长江以南地区首次发现元代壁画墓。墓葬为同穴异室合葬墓，墓葬壁上可见用红、黑两种颜料绘制成的花卉、动物、人物、建筑等图案，画面上的人物或弹琴下棋，或读书赏花，反映出当时丰富的社会生活场景。

敦煌壁画

自西夏政权至元代统治敦煌的三百多年间，莫高窟的修建、重建活动一
直延续未停。元代壁画以第 465 窟和第 3 窟为代表。

第 465 窟的后室四壁和窟顶布满密宗曼荼罗和明王像。四壁下部画有织
布、养鸡、牧牛、制陶、驯虎、制革、踏碓等进行各种操作的人物画 60 多幅。
壁画内容、构图形式、人物形以及敷色、线描等，都与当时的汉族画风迥然
不同，带有浓郁的藏画风格和阴森、神秘的情调。此窟壁画，可能是藏族匠
师根据藏文佛典，运用藏族绘画技法绘制的。

第 3 窟建于元至正年间，西壁有制甘州画师史小玉的墨书题记，壁画以细

而刚劲的铁线勾描人物形体，用兰叶描和折芦描表现衣纹和飘带，技巧很高。

从壁画中所载供养人服饰可见，男子头戴圆顶有帽延的瓦楞帽。瓦楞帽是古代北方游牧民族的传统帽饰，即《留青日札》所说的"官民皆戴的形似古代兜鍪，其檐或圆、或前圆后方"的帽子。双侧发辫盘起垂于耳后。身着右衽交领窄袖长袍，袍外批比肩（图6-20）。

"比肩"或"比甲"也是元代常服。"比肩"是一种有里有面的较马褂稍长的皮衣，元代蒙人称之为"襻子答忽"。"比甲"则是便于骑射的衣裳，无领无袖，前短后长，以襻相连的便服。

元代男子的公服多随汉族习俗，常服的外面，罩一件短袖衫子，妇女也有这种习俗，称为襦裙半臂（图6-21）。

·雕像中的服饰图像

元代陶俑

元代陶俑出土相对较少。一方面是因为当时纸冥器已经非常流行，逐步取代了陶俑；另一方面也因为蒙古人流行薄葬深埋，人死了，挖一个很深的坑，把遗体放进去，填平地面，不建封土。过个一年半载，地上便杂草丛生，与周围无异了。

元代陶俑多为黑陶，陶质坚硬细腻，其中的打磨黑陶俑，黑中透亮，有如金石，为历代所不及。其次，元代陶俑多不施彩绘，完全靠雕塑语言表现人物，五官精雕细刻，服饰刀法粗犷，可谓刚柔并济，张弛有度，其艺术水平亦不逊于汉唐。元代陶俑的风格自然朴素，造型写实逼真，生活气息非常浓厚，颇有元代宫廷生活的情趣和浓郁的北方草原游牧民族朴实无华的审美特点。

▌左图：（图 6-20）元代敦煌壁
　画中的男供养人服饰形象

▌右图：（图 6-21）元代敦煌壁
　画中的女供养人服饰形象

(图6-22)西安市北郊刘村堡乡出土陶俑中的元代瓦楞帽、着"质孙服"的侍从服饰形象

在西安市北郊刘村堡乡东北出土了一批元代陶俑,侍从俑群为仪仗俑队的一部分,有四件男俑,分别戴四角形瓦楞帽、暖帽,还有光头与髡发的,身着皆为窄袖右衽交领长袍,这种长袍在元代被称为"质孙服"(图6-22)。

"质孙,汉言一色服也,内庭大宴则服之。冬夏之服不同,然无定制。凡勋戚大臣近侍,赐则服之。"——《元史·舆服志》

"质孙服"服用面很广,大臣在内宫大宴中可以穿着,乐工和卫士也同样服用,这种服式上、下级的区别体现在质地粗细的不同上。天子的有十五个等级(以质分级层次),每级所用的原料和选色完全统一,衣服和帽子一致,整体效果十分出色。

另有一件女俑,身着交额窄袖左衽短襦,腰系帛带,下着长裙,曳地,仅露脚尖(图6-23)。随葬品使用有悠久的历史,在中原地区,时代不同,地位不同,随葬品也不相同。元代的蒙古人受汉文化影响也进行厚葬,随葬陶俑。这些陶俑为研究元代的社会服饰提供了资料。

元代另一种常穿的袍子,被称为"辫线袄",一般是交领、窄袖、腰间打成细

▋上图：(图6-23)西安市北
郊刘村堡乡出土陶俑中的元
代女侍从服饰形象

▋下图：(图6-24)西安市北
郊刘村堡乡出土陶俑中的元
代暖帽、着质孙服的侍从服
饰形象

褶，用红紫线将细褶横向缝纳固定的样式，使人们在穿着时腰间紧束，便于骑射。此款服装在明代被称为"曳撒"，是出外骑乘时常穿的服装（图6-24）。

/结 语/

辽金元服饰文化中普遍存在一个共性，即是以本民族的服饰传统为本，又大量采用或默许了汉服传统，以及同时期汉服的各种样式的结合。

通过图像中的人物服饰，我们可以清楚的了解到元朝统治者为了达到其统治目的对宗教以及服饰都表现出极其宽容的态度。但由于民族矛盾比较尖锐，长期处于战乱状态，纺织业、手工业遭到很大破坏，汉人的服饰形制长期延用宋式。直到元英宗时期才参照古制，制定了承袭汉族又兼有蒙古民族特点的服制。

与同属游牧民族王朝的辽朝相似，元代政治体制也明显具有汉制与本族旧制并存的二元色彩。但与辽双轨并行的南、北官制度不同，元代的草原旧制并未构成独立的系统，而是被配置在汉式王朝体制的内部发挥作用。从这层意义上，也可以说元王朝是一个中原政权模式与蒙古旧制的混合体。正是元王朝这一特殊的混合体，虽一直实行了民族歧视政策，但各民族服饰之间的交流并未因此而中断，反而是相互影响、彼此交融，从而形成了元代服饰多样性的显著特色。

与此同时，元代盛行用金来饰物，例如织金锦，织金锦是以把金钱织入锦中而形成特殊光泽效果的锦缎类织物。织金锦是现代的称谓，它在元代称之为金段匹，且分为两大类，一是纳石失，一是金段子，有着诸多方面的原因。这不仅仅是继承的问题，而且与元代所处的地理环境、自身的民族特征、文化传统和特殊地位有着直接关联。

元代宫廷尚金之俗直接推动了中国织金技术的发展，使得元代的中国织金技术达到了鼎盛时期。正是基于此，使得元代织金锦形成了鲜明的时代特征，也成为中西、南北交流的象征符号，为元代妇女服饰发展提供了物质条件，也对明清两代，尤其是宫廷的尚金之风产生了巨大和深远的影响。

此外在服饰图案方面，元朝接受了汉族的传统吉祥图案，一方面是基于本身的吉祥寓意，另一方面则有政治上的考量。龙是中华民族精神文化的象征之物，是远古先民们创造的观念性的产物，具有强烈的人文特征。元代贵族承袭汉族制度，在服装上广织龙纹。据《元史·舆服志》记载，皇帝祭祀用衮服、蔽膝、玉簪、革带、绶环等有饰有各种龙纹，仅衮一件就有八条龙，领袖衣边的小龙还不计。代表着华夏民族文化的龙纹，是汉族人民创造的，由此可见蒙汉服饰的融合。

总之，在辽金元时期图像中所蕴含着深厚的服饰文化，独特的美学思想，及其辉煌成就，为我们深入了解当时那个复杂社会的文化和服饰的发展提供了重要的史实资料。

第七章 —— 汉服传统的复与亡

明清时期的服饰图像

明朝建立以后，明太祖采取一系列措施加强君主专政制度，从而使明朝中央集权专制空前强化（图7-1）。明代社会经济发达，农产品丰富，手工业生产具备很高水平，陶瓷业、丝棉纺业、冶炼、建筑等闻名世界。16世纪隆庆、万历年间，资本主义生产关系开始在若干手工业行业中出现。

明朝的对外关系也有所恢复与加强。这个时期，中国与日本、朝鲜、越南等邻邦，在商业和文化上的交往频繁。永乐间，郑和又七下"西洋"，行历中印半岛、南洋群岛、印度、伊朗和阿拉伯等地区。此后，欧洲的传教士和商人就不断东来。明末意大利传教士罗明坚及耶稣会教士利玛窦来中国，输入了"西学"，也带来了西方的宗教绘画。

在明朝统治的二百七十多年中，由于商品货币经济的不断发展，刺激了官僚、地主对土地的掠夺与兼并，逐渐造成土地占有的高度集中，苛捐杂税不断加重，逼迫各地农民纷纷起义，终由李自成率领的农民起义军攻入北京（公元1644年），推翻了在北方的朱明王朝。

乘着中原大乱之际，觊觎已久的东北满族政权——清朝，其前身是公元1616年由努尔哈赤建立的后金政权，公元1636年皇太极将国号改为大清，统治者为东北的爱新觉罗氏——联合吴三桂入关，一举篡夺明朝汉族政权。公元1644年，多尔衮迎顺治帝入关，迁都北京，其关内统治长达269年。

满族统治阶级建立统一的清帝国后，基本继承了明朝各种制度，曾以全部力量将封建秩序稳定下来。一方面巩固了封建的农业生产，恢复和发展了自然经济的统治地位，另一方面也阻碍了明代中叶以来的资本主义萌芽成长。

▌(图 7-1) 明太祖画像中的常服
形象

清朝初期，通过剃发易服和文字狱来抑制汉人，尤其是上层人士的民族精神，以保持满族的统治地位（图7-2）。清朝统治者对内采取了民族分治的民族政策，在文化上制造文字狱，压制汉族进步思想；对外实行海禁，闭关锁国，轻视外国先进思想和技术。这些政策维护了清朝的疆域扩张和社会稳定，但却导致了其统治时期内的民族问题，以及末期的国家极度贫弱。

清朝后期，它成为了英，法等殖民国家侵略扩张的新对象。以英国为首的西方国家，先后发动了两次鸦片战争。清政府被迫与之签定了一系列的不平等条约。为维护其统治，晚清政府开展了"师夷长技以自强"的"洋务运动"，奠定了近代中国民族工业的基础。公元1898年，光绪帝开始了"戊戌变法"，但受到了保守势力的阻扰，变法失败。公元1911年，辛亥革命爆发，各省纷纷独立，中央政权分崩离析。中国古代封建王朝的历史就此终结。

明太祖朱元璋长于武功，拙于文治，他当政时期厉行文化专制主义，摧残艺文，画坛一派萧条景象。明成祖朱棣虽也实行文化专制，但手法与太祖不同，而是将文人、画士延揽入宫，为其服务。绘画在开明的政治气候下，显然又得到了一定的发展。明代宫廷设有画院，但与宋代的翰林图画院无论在编制、职称上都不一样，虽有画院之名，似无一定的隶属，即便是画家，也无专职。反之，民间绘画，为广大市民阶层所欢迎，并有行会组织，在工商业发达的地区，一度相当活跃。

至于清代，并没有设立画院，但是宫廷的绘画活动，却比明代更为频繁。民间绘画，承明代之风，有所进展，行会的组织促进了民间绘画的提高与发展。而且，随着摄影术的发明和引入，图像中又多出了相片的新形式（图7-3）。

明清时期的文化虽然趋于保守，但却出现许多富有特色的流派与个性强烈的画家，各领风骚，树帜画坛。明初崇尚宋代画风的画家遍于宫廷、民间，明代中期文人画重新复兴于苏州，后期士大夫文人画更是向独抒性灵发展，以画为乐、以画为寄。明清变革，虽然没有割裂绘画的传统，但却呈现出多元化的趋向。至于清代，画派林立，摹古、创新各行其道；文人画、西洋画也都对宫廷绘画产生了影响；随着商品经济的发展，文人还以画为生、以画泄愤，金石书法的刚健之风也融入了绘画。民间绘画更加世俗化、商品化；作为中国古代绘画的最后辉煌，清代绘画已呈现奇变的倾向，为近代中国绘画的改革作好了准备。

在人物画方面，明清时期的发展皆较缓慢，远不及山水、花鸟画为盛，于此同时，文人画占主导地位的局面也阻碍了绘画题材的多样性发展。

明朝服饰是对汉服体系的回归，在推翻蒙元统治之后，即下诏书宣布"恢复汉官之威仪"，凡是元蒙留下的种种习俗，如辫发、胡服、袴褶、窄袖等，一律禁止。并依照"上承周汉，下取唐宋"的原则，重新规定了一套服饰制度，迅速恢复了汉服的传统。

明代也是中国历史上封建社会高度发展的时代，其统治手段更为完备和严密，也使服饰仪制极其细致，等级森严，以补子、章纹、佩绶、服色、牙牌等区分品第。如，官吏均戴乌纱帽，穿圆领袍，袍服除了品色规定外，还在胸背缀有补子，并以其所绣图案的不同来表示官阶的不同，不独唯此，官员的腰带也因品级的不同而在质地上有所不同（图 7-4）。

明代文人多着蓝色或玄色袍子，四周镶宽边，亦有穿浅色衫子，衣长及

■（图 7-2）《九日行庵文燕图》
中的清代文士服饰形象

■上图：(图 7-3) 相片中的旗
　髻旗袍女子服饰形象

■下图：(图 7-4)《沈度写真像》
　中戴乌纱帽、穿盘领补服的明
　朝官吏服饰形象

地，袖子宽肥，袖长过手。通常与儒巾和四方平定巾相配，风格清静儒雅。四方平定巾是以黑色纱罗制成的便帽，因其造型四角都呈方形，所以也叫"四角方巾"，以此来寓意"政治安定"。平民则穿短衣，戴小帽或网巾。

明朝女子髻式颇多，明代女子将头髻梳成扁圆形状，并在发髻的顶部，饰以宝石制成的花朵，时称"挑心髻"。后来又将发髻梳高，以金银丝挽结，顶上也有珠翠装点。渐渐地名目越来越多，样式也从扁圆趋于长圆，有"桃尖顶髻"、"鹅胆心髻"等名称，还有模仿汉代"堕马髻"的。除此之外，明代妇女也常用假髻作装饰，这种假髻一般比原来的发髻要高出一半，戴时罩在真髻上，以簪绾住头发。明末，这类发饰的样式更加丰富，有"懒梳头""双飞燕""到枕松"等各种不同样式，甚至还有成品出售。且常在额上系兜子，名"遮眉勒"。

明代的背子多为合领或直领对襟的，衣长与裙齐，左右腋下开裚，衣襟敞开，两边不用钮扣，有时以绳带系连，是女子的日常服装。一般情况下，贵族女子穿合领对襟大袖的款式，而平民女子则穿直领对襟小袖的款式。衣裙近似宋元两朝，但内衣有小圆领，颈部加纽扣。衣身较长，缀有金玉坠子，外加云肩、比甲等。

清王朝入主中原，即推行"剃发易服"，顺治九年（公元1652年），钦定《服色肩舆条例》颁行，废除了明朝的冠冕、礼服，男子一律剃发留辫，辫垂脑后，穿紧窄的马蹄袖箭衣、紧袜、深统靴，官民服饰泾渭分明。清朝是以满族统治者为主的政权机构，旗人的风俗习惯影响着广大的中原地区，从公服开始逐渐推向常服，虽然早期在汉族女子中仍残留着一部分的汉服传统（图7-5），但也逐步被满族的旗袍所交杂和取代，汉服传统在明代的恢复和革新后，于清朝最终走向了消亡。

· 卷轴画中的服饰图像

宫廷肖像画

人物画发展到了明代，出现了很大的革新，原因就在于引入了西洋绘画中"透视法"。我们发现明朝以前的宫廷肖像画，绝无正面的构图。而当西洋画法中的"透视"原理为明清画家所掌握后，前代很难表现的正面构图（尤其是带有坐具的坐像），自明中叶后开始大量出现在宫廷及民间的肖像、纪事、水陆等人物画中。这一变化使服饰廓形、结构和纹样等要素，皆能通过左右对称的布局来体现，从而更够符合中国文化追求平衡和完整的审美观念。

在这幅《兴献帝画像》中，构图就是正面的，采用了平面透视的原理。兴献帝所着应是吉服的一种，是在时令节日及寿诞、筵宴等各类吉庆场合所穿的服装。明代皇帝吉服尚未正式进入制度，因此在具体形制上也没有严格的标准。一般来说，皇帝吉服的款式与常服或便服相同（如圆领、直身、曳撒、贴里、道袍等），颜色多用红色、黄色等喜庆色彩，纹饰则较常服、便服更为华丽精美，大多使用应景题材或带有吉祥寓意的图案。而兴献帝帝画像上所穿的是绣有"十二团龙"纹样和"十二章纹"的衮服（定陵有实物出土），就是皇帝吉服的一种，只是具体功能与穿着场合尚不清楚，当是登基大典或重大的祭祀场合所穿用，是为周礼服制的复兴

▌(图7-6)穿十二团龙十二章
　衮服的兴献帝画像

之表现（图7-6）。

"王之吉服，祀昊天上帝，则服大裘而冕；祀五帝，亦如之；享先王，则衮冕；享先公之飨射，则鷩冕；祀四望山川，则毳冕；祭社稷五祀，则希冕；祭群小祀，则玄冕。"——《周官·司服》

再说朱元璋所穿之服，为帝王所着之常服，明代皇帝常服使用范围最广，如常朝视事、日讲、省牲、谒陵、献俘、大阅等场合均穿常服。洪武元年定皇帝常服用乌纱折角向上巾，盘领窄袖袍（即圆领），束带间用金、玉、琥珀、透犀。永乐三年定"冠：以乌纱冒之，折角向上，今名翼善冠；袍：黄色，盘领、窄袖，前后及两肩各金织盘龙一；带：用玉；靴：以皮为之"。皇太子、亲王、世子、郡王的常服形制与皇帝相同，但袍用红色。

《明会典》永乐三年的制度中，皇后常服定为双凤翊龙冠、大衫、霞帔、鞠衣等。

"双凤翊龙冠，以皂縠为之，附以翠博山。上饰金龙一，翊以二珠翠凤，皆口衔珠滴。前后珠牡丹花二朵，蕊头八个，翠叶三十六叶，珠翠穰花鬓二朵，珠翠云二十一片。翠口圈一副，金宝钿花九，上饰珠九颗。金凤一对，口衔珠结。三博鬓（左右共六扇），饰以鸾凤，金宝钿二十四，边垂珠滴。金簪一对。珊瑚凤冠觜一副。"——《明会典》

在现存的皇后礼服画像中，穆宗孝定皇后（慈圣太后）、神宗孝端显皇后在翟衣外都披有红色云龙纹霞帔，《明实录》所记慈圣太后冠服里则提到"金累丝滴珍珠霞帔挽儿一副，计四百十二个"和"金嵌宝石珍珠云龙坠头一个"。定陵也出土了两件"金累丝珍珠霞帔"，分属孝端后与孝靖后。《定陵》报告描述"霞帔"分作左右两条，面为红色织金绞丝织成料，两边织金

(图 7-7) 头戴凤冠、身披霞
帔的帝后肖像中的服饰形象

线二道，内饰圆点纹，中间织云霞和升降龙纹，与画像基本吻合。帔身还缀有嵌珍珠梅花形金饰共 412 个，和《明实录》中"金累丝滴珍珠霞帔挑儿"的数量相符（图 7-7）。

再看一幅明代官员着朝服的肖像画，该大员头戴的是"貂蝉笼巾"，笼巾呈四方型，前后附金蝉或玳瑁蝉。明朝官吏朝服，不分文武，都戴梁冠。以冠上梁数辨别等级，其制有一梁至八梁不等，公、侯、伯及驸马梁冠，另加貂蝉笼巾，公爵冠上还插有雉尾（野鸡毛）。凡一品以下官员，朝服只戴梁冠，不用貂蝉笼巾，在梁冠的顶部，一般还插有一支弯曲的竹木笔杆，上端联有丝绒作成的笔毫，名为"立笔"，实际上是仿照汉朝的"簪笔"制度。（图 7-8）

图中可见其身上穿着皮弁服，上衣为大红色，故称绛纱袍或绛纱衣，交领、大袖，领、袖、衣襟等处皆施蓝色缘边，衣身不加任何纹饰。下裳与冕服相同，红色，分为前后两片，前片三幅，后片四幅，共裳腰，裳幅上折有襞积（褶子）。裳前后片的两侧与底边同样施以蓝色缘边。红裳上亦不织章纹。中单为深衣形制，用素纱制作，交领，大袖，衣身上下分裁，腰部以下用十二幅拼缝。蔽膝为红色，施本色缘，形制与冕服蔽膝相同，不加纹饰，上缀玉钩一对，用以悬挂。大带为素（白色）表、朱（红色）里，分束腰和垂带两部分，束腰部分以纽襻扣纽系，缀假结与假耳，腰、结、耳用红色缘边（綼）。玉佩两组，由金钩、珩、瑀、琚、玉花、玉滴、璜、冲牙及玉珠串组成，瑑云龙纹并描金。舄为黑色。

图中另可见两名戴纱质"六合一统帽"，着飞鱼服的侍从，一人执笏板，一人托奏折。六合一统帽也称"六合巾"、"小帽"。用六片罗帛拼成，多

着"飞鱼服"侍卫的服饰形象

用于市民百姓，相传为明太祖所制。为倡导一统山河，故取六和一统、天下归一之意。一直沿用至清末。

而"飞鱼服"则是明代锦衣卫朝日、夕月、耕耤、视牲所穿官服，其补子绣有"飞鱼"，此"飞鱼"乃一种近似龙首、鱼身、有翼的虚构形象，由云锦中的妆花罗、妆花纱、妆花绢制成，佩绣春刀，是明代仅次于蟒服的一种赐服。如正德十三年曾赐一品官斗牛，二品官飞鱼服色。据《明史》记载，飞鱼服在弘治年间时一般官民都不准穿着。即使公、侯、伯等违例奏请，也要"治以重罪"。后来明朝规定，二品大臣才可以穿着飞鱼服。由此可见这二位亦非等闲，深受荣宠，身份特殊。

到了清代，宫廷肖像画受西洋画的影响则更甚，尤其是活跃在康、雍、乾三朝的意大利修道士郎世宁，在宫廷从事绘画长达五十多年，成为了宫廷画师首屈一指的人物。郎世宁的生平和艺术，已经成为了中国美术史的一个组成部分来加以叙述和评价了。他大胆探索西画中用的新路，熔中西画法为一炉，创造了一种前所未有的新画法、新格体，既有欧洲油画如实反映现实的艺术概括，又有中国传统绘画之笔墨趣味，确有极高的艺术感染力。其人物肖像画作不胜枚举，皆为上品，更是研究清代服饰的绝佳图像。

如这幅《乾隆像》，乾隆所着乃冬季朝袍（图7-9）。皇帝朝冠分为冬朝冠和夏朝冠两种。冬朝冠冠体为圆顶呈斜坡状，冠周围有一道上仰的檐边。用薰貂或黑狐毛皮制作，顶上加金缧丝镂空金云龙嵌东珠宝顶，宝顶分为三层，底层为底座，有正龙四条，中间饰有东珠四颗；第二、三两层各有升龙四条，各饰东珠四颗；每层间各贯东珠一颗；共饰东珠十五颗。顶部再嵌大东珠一颗。夏朝冠冠形作圆锥状，下檐外敞呈双层喇叭状。用玉草或藤丝、

■左图：（图7-9）《乾隆像》中
乾隆着冬朝服之服饰样式

■右图：（图7-10）《孝恭仁皇
后乌雅氏像》中着朝服的皇后
服饰面貌

竹丝作成，外面裱以罗，以红纱或红织金为里，在两层喇叭口上镶织金边饰；

内层安帽圈，圈上缀带。冠前缀镂空金佛，金佛周围饰东珠十五颗，冠后缀

东珠七颗。冠顶再加镂空云龙嵌大东珠金宝顶，宝顶形式与冬朝冠相同。

清代只有皇帝才能穿十二章龙袍，龙袍是圆领、大襟、右衽、窄袖加综

袖、马蹄袖端，四开裾式的长袍，明黄色，用缂丝或妆花、刺绣作金龙九条，

再装饰十二章纹样，间以五色云幅纹，下幅装饰八宝立水。领前后饰正龙各

一条，左右及交襟处饰正龙各一条，马蹄袖端饰正龙各一条。领和袖均用石

青色镶织金缎边饰。随季节变换棉、纱、夹、裘等材料。

而清朝皇后之朝褂均为石青色，用织金缎或织金绸镶边，上绣各种纹饰。

领后均垂明黄色绦，绦上缀饰珠宝。朝褂都是穿在朝袍外面，穿时胸前挂彩，

领部有镂金饰宝的领约，颈挂朝珠三盘，头戴朝冠，脚踏高底鞋，一如《孝

恭仁皇后乌雅氏像》中所见（图7-10）。

皇后朝冠除中央顶饰三层金凤外，朱纬上还缀一周金凤共七只和金翟一只，位于后面的金翟向脑后垂珠为饰，皇后为五行二就，冠后又垂护领。朝褂的基本款式是披领和上衣下裳相连的袍裙相配而成。而披须（又名披肩、扇肩）、马蹄袖（又名箭袖）则是清代朝服的显著特色。

宫廷纪实画

在明清时期的人物画中，纪实类的宫廷画开始兴盛起来，类似于现代的纪录片一样描绘了当时宫廷和官场的情景与片段，这些并非出自名家的宫廷画师作品，为我们了解当时的服饰也提供了生动的图像资料。

在《徐显卿宦迹图》中，就记录下了万历十三年大旱，明神宗着青服，由宫中步行至圜丘祈雨的场景。青服又称青袍，即青色圆领，为明代皇帝在帝后忌辰、丧礼期间或谒陵、祭祀等场合所穿。青服圆领素而无纹，不饰团龙补子等，革带用乌角（黑牛角）带銙，深青色带鞓。

《明实录》记载，嘉靖二十四年，太庙火灾，明世宗青服御奉天门，百官亦青服致词行奉慰礼。《徐显卿宦迹图》将这个历史场景用绘画的形式记录了下来（图7-11）。

而在《明宪宗调禽图》中则又记录下了明朝皇帝着便服的样子，便服是日常生活中所穿的休闲服饰（图7-12）。明代皇帝的便服就款式、形制而言，和一般士庶男子并没有太大区别。比较常见的便服式样有：曳撒、贴里、道袍、直身、氅衣、披风等。

"曳撒"也写作"一散"，源于元代蒙语的发音。刘若愚《酌中志》记载："曳撒，其制后襟不断，而两傍有摆，前襟两截，而下有马面褶，往两旁起。"

■上图：(图 7-11)《徐显卿
　宦迹图》中明神宗着青服的
　服饰样式

■下图：(图 7-12)《明宪宗
　调禽图》中明宪宗着便服的
　服饰样式

曳撒的形制较为独特，它的前身部分（前襟）为上下分裁，腰部以上为直领、大襟、右衽，腰部以下形似马面裙，正中为光面，两侧作褶，左右接双摆。后身部分（后襟）则通裁，不断开。

明代前期皇帝日常多穿曳撒。尹直在《謇斋琐缀录》中说："昔叨侍宪宗皇帝，观解于后苑，伏觌所御青花纻丝窄檐大帽、大红织金龙纱曳撒、宝装钩绦。又侍孝宗皇帝讲读于青宫，早则翼善冠、衮绣圆领，食后则服曳撒、玉钩绦。而予家赐衣内，亦有曳撒一件，此时王之制，所宜遵也。"《明宣宗宫中行乐图》和《明宪宗元宵行乐图》等绘画中均能看到皇帝与侍从们身穿曳撒的形象。

又有记录明代皇帝在狩猎、骑马出行以及重要的戎事活动中穿着戎服的样式。但明代服饰制度中并未专门列出皇帝戎服，因此具体的种类、形制、功能等均缺乏详细的记载。定陵出土的明神宗盔甲，是目前所知唯一的明代皇帝戎服实物。此外，像《出警图》、《宣宗出猎图轴》、《明宣宗射猎图》等明代绘画中也记录了皇帝身着戎服的形象。通过这些形象与实物，结合相关的文献资料，可以对明代皇帝的戎服有一个大致的了解。

故宫博物院所藏明代商喜作的《宣宗出猎图轴》和《明宣宗射猎图》都表现的是明宣宗朱瞻基出游打猎的情景（图7-13）。两图中宣宗所穿服饰基本一致，头戴皮毛制成的鞑帽（亦称狐帽），身穿明黄色方领对襟"罩甲"，不缀甲片、甲钉，衣身饰有云肩膝　云龙纹样，前襟缀一排圆形小纽扣。罩甲下穿红色交领窄袖长衣，形制不明，从随行人员的穿着推测，有可能是直身。腰上束小革带，形制及带銙数量与常服革带相同。带上悬挂弓袋、箭囊、茄袋、小刀、牙箸等武器或随身物品。明末刘若愚《酌中志》中记载："罩甲，穿窄袖戎衣之上，加此束小带，皆戎服也。"与画中明宣宗的戎服形象吻合。

■（图7-13）《明宣宗射猎图》所
反映的朱瞻基戎装的服饰形象

■（图7-14）《新年元宵景图》中
所见的后妃和皇女的吉服服饰
形象

还有记录明代用于各类吉庆场合（如节日、宴会、寿诞及其他吉典）的后妃吉服的纪实画，如苏州虎丘乡王锡爵墓出土了一卷由明代成化年间宫廷画师绘制的《新年元宵景图》（即《明宪宗元宵行乐图》）（图7-14），该图表现了明宪宗与宫眷、内臣、皇子女们过元宵节的场景，画中大部分人物都穿着有织金或绣金纹饰的华丽衣服，如妃嫔、宫人的上衣多饰有云肩、通袖 纹样。此类吉服与便服都是日常生活中的着装，没有严格的制度规定，所用材质、颜色与装饰丰富多样，并随着时代潮流而变化。

值得注意的是，图中女子领口处大都缀有一枚纽扣，《酌中志》也提到："近御之人所穿之衣……自此三层之内，或褂或袄，俱不许露白色袖口，凡脖领亦不许外露，亦不得缀钮扣，只宫人脖领则缀钮扣。"领部缀纽扣的做法对立领（竖领）的产生有着直接影响。

到了清代，宫廷纪实类的画作更是不胜枚举，如《康熙南巡图》《雍正皇帝祭先农坛图》《雍正皇帝临雍图》《乾隆皇帝岁朝图》《乾隆孝贤皇后朝服像》《塞宴四事图》《紫光阁赐宴图》《万树园赐宴图》《阿玉锡持矛荡寇图》《乾隆平定准部回部战图》《道光皇帝行乐图》等均为代表作，场面也更为宏大。

完整的《乾隆大阅图》共有《幸营》《列阵》《阅阵》和《行阵》四卷，描绘了乾隆皇帝1739年于京郊南苑举行阅兵式时的情景。全图画法细腻，色泽华丽，基本上以色塑形，不显线条痕迹，具有浓厚的欧洲绘画风格。其中第二卷《列阵》为北京故宫博物院收藏（图7-15）。

由该图可见清代盛装的乾隆皇帝戎服的面貌，是将军服的制式，分上下两部分，上衣肩，肩下，腋部饰十四片龙文铜饰，胸前及上臂部有椭圆形龙纹绣图案，胫胸有围巾，对襟长袖马蹄形袖口，服上饰以黑色锦缘，一字扣直襟；下服前部分开，两边各有龙纹绣图，内襟成蓝丝布；帽上部铜珠及弧形饰带木棒绒饰；鎏金铜帽呈漏斗形，上饰以龙雕珠花和凤纹金片饰，前突莲形饰，下为二龙抢珠葵形边饰，后与侧有围饰，头盔尖顶端垂黑缨；箭带为红色扁弧口蹄形，上边口悬斜环，以系腰间；锦绣白底靴上饰蝙蝠兽首。

再看《万树园赐宴图》，从图中文武百官朝服可见补服的形制，清代补服从形式到内容都是对明朝官服的直接承袭，补服是清代文武百官的重要官服，也是清代的礼服。补服以装饰于前胸及后背的补子的不同图案来区别官位的高低。皇室成员用圆形补子，各级官员均用方形补子。补服的造型特点

▌(图7-15)《乾隆大阅图》中
清代皇帝一身戎装的服饰面貌

是：圆领，对襟，平袖，袖与肘齐，衣长至膝下。门襟有五颗纽扣，是一种宽松肥大的石青色外衣，当时也称之为"外套"（图 7-16）。

清代补服的补子纹样分皇族和百官两大类。皇族补服纹样为：五爪金龙或四爪蟒。各品级文武官员纹样为：文官一品用仙鹤，二品用锦鸡，三品用孔雀，四品用雁，五品用白鹇，六品用鹭鸶，七品用鸂鶒，八品用鹌鹑，九品用练雀。武官一品用麒麟，二品用狮子，三品用豹，四品用虎，五品用熊，六品用彪，七品和八品用犀牛，九品用海马。

此外，百官帽子的最高部分装有顶珠，原料多为宝石，颜色有红、蓝、白、金等。顶珠是区别官职的重要标志。按照清朝礼仪，一品官员顶珠用红宝石，二品用珊瑚，三品用蓝宝石，四品用青金石，五品用水晶，六品用砗磲，七品用素金，八品用阴文镂花金，九品用阳文镂花金。无顶珠者，即无品级。

而在戴礼帽时，一般在顶珠之下都装有一支长六至七公分长的、用白玉或翡翠制作的翎管，这翎管主要是用来安插翎枝的。清朝的翎子有花翎、蓝翎之别，以花翎为贵。花翎用孔雀翎毛，有一眼、二眼、三眼之分。所谓"眼"，就是指翎毛尾梢的彩色斑纹。孔雀翎中，又以三眼最贵；蓝翎则以鹖羽为之，无眼。清朝翎子的装法是将翎子拖在脑后。

（图 7-16）《万树园赐宴图》中的百官夏朝服服饰形象

清代皇帝祖先信奉佛教，因此，清代冠服配饰中的朝珠也和佛教数珠有关。按清代冠服制度，穿礼服时必于胸前挂朝珠。朝珠由108粒珠贯穿而成。每隔27颗穿入一颗材质不同的大珠，称为"佛头"，与垂于胸前正中的那颗"佛头"相对的一颗大珠叫"佛头塔"，由佛头塔缀黄绦，中穿背云，末端坠一葫芦形佛嘴。背云和佛嘴垂于背后。在佛头塔两侧缀有三串小珠，每串10颗小珠。一侧缀两串，另一侧缀一串；男的两串在左，女的两串在右。

而在一些行乐类的宫廷纪实画作中，我们也能够发现，汉服在清代宫廷中时常作为清帝王喜庆和娱乐时的穿戴方式，如《乾隆观孔雀开屏图》《弘历雪景行乐图》《雍正十二月行乐图》《平安春信图》等。

《平安春信图》图中的雍正和未来的乾隆帝均头裹玄色小巾，身着右衽交领大袖的衫子，腰系金色和青色丝绦，内穿交领中单，下穿白色裙裳，云头锦鞋和青丝履露出裳外（图7-17）。由此可见，汉服形制在宫廷内已成为一种特殊情景的助兴之服，用以抒发画中主人公雅玩之兴，虽在画作中屡有呈现，但已退出日常服饰的范畴。

仕女图

明代仕女画在文人画家的积极参与下较之元代获得极大的发展。在题材上，传统戏剧、小说、传奇故事中的各色女子成为画家们最乐于创作的仕女形象。人物的造型由宋代的具象写实逐渐趋于带有一定唯美主义色彩的写意，同时也带有鲜明的文人画特点。

明代作为仕女画艺术的成熟阶段，不仅涌现出了众多杰出的仕女画家和作品，而且在表现技法上亦丰富多彩，如吴伟的《武陵春图》代表了明前期白描

▌(图 7-17)《平安春信图》
中的着汉服的雍正服饰形象

仕女画的最高水平。武陵春以细匀的淡墨线绘成，画面清雅、秀润，更贴切地表现出女主人的纤弱文静之气。画中女子头梳云髻，插簪，身着窄袖交领短襦，衣领松祖，腰间丝带高束，垂于裙前及地，裙裳宽大，覆盖丝履（图7-18）。

明代女子裙子的颜色，开始流行浅淡的色彩，以素白居多，虽然上面有纹饰，但并不明显，即使施绣，也只是在裙摆处绣以花边，作为压脚。裙幅开始采用六幅，这也是遵循古训"裙拖六幅湘江水"。后来裙幅采用八幅，腰间细褶数十，行动辄如水纹。

裙上的纹样，也更讲究。据说有种浅色画裙，名叫"月华裙"，裙幅共有十幅，腰间每褶各用一色，轻描淡绘，色彩非常淡雅，风动色如月华，因此得名。

由于明代文人崇尚复古、拟古之风，故而绝大多数的仕女画皆表现唐宋甚至更为高远时期的题材，例如文徵明的《湘君湘夫人图》就是追摹魏晋高古之风的代表作，再如仇英的仕女画则有"周昉复起，亦未能过"之评，其《贵妃晓妆图》也是表现杨贵妃及宫女的唐代宫苑仕女，当然实际上她们也已完全是明代文人心目中理想美女的形象。她们修颈、削肩、柳腰与周　笔下曲眉丰颊、短颈宽胸的宫女有着全然不同的审美意趣。

而到了清代，明朝的审美情趣和画风进一步得到了延续和发展，亦多古代题材，并在西洋绘画的影响下更为精美。具有代表性的仕女画还要看宫廷仕女图的类型，如陈枚在康熙、雍正时供奉内廷，官内务府员外郎，人物追宗宋元，具有传统功力，并参用西法，所作人物形色俱备，用笔精妙，他的《月曼清游图》册描绘的就是宫廷嫔妃们一年十二个月的深宫生活，通过这一幅幅生动的画面体现了宫廷生活与民间生活的密切关联。嫔妃们的活动内容，在民间生活中均习以为常，只不过由于宫廷的特殊地位，而令这些活动

从内容到形式都具有更加富贵、繁琐及典制化的特点。

从画中我们可以清晰地感受到清代盛世时期女子服饰满汉传统相互杂糅的面貌，其间女子着立领、圆领、交领襦裙的皆有，又有斜襟、对襟、大襟的各种式样，还有褙子、比甲等多种外罩相配，亦有围裙、披帛、丝绦等多样配饰，均体现了清代女装中对汉服比较宽容的服饰度量。一如在《雍正妃行乐图》中的仕女服饰形象所见（图 7-19）。

· 相片中的服饰图像

1844 年，法国摄影师于勒·埃及尔作为法国海关总检察官随同赴中国进行贸易谈判的法国外交使团，带着"达盖尔"摄影机抵达澳门，拍下了第一批中国古代的相片，在现存的 34 帧关于中国的最早照片中，最重要的是两帧：一是 1844 年在法国军舰阿基米德号上签订《黄埔条约》纪念照；二是当时中方代表两广总督兼办通商事务耆英的私服肖像照。从此，在记录服饰的图像出现了相片的形式。

通过当时的照片，我们得以详细的观知清朝末年，中国服饰文化的整体面貌，也从中看到了汉服传统的完全消亡。

醇亲王奕譞相片

清代男子一般的装束是长袍或长衫配马褂、马甲，腰束长腰带。马褂长至肚脐，左右侧缝和后中缝开衩，袖口平直（无马蹄袖端），有的袖长过手，有的袖长仅至手腕，开襟形式有对襟、大襟、琵琶襟等。

在这张醇亲王奕譞的相片中，奕譞头顶暖帽，身穿对襟长袍，佩翻领，袖口为马蹄袖翻折，右侧有缺袴，以一字纽扣相接，外罩较短袖的对襟马褂，脚蹬厚底靴（图 7-20）。

　　女式马褂款式有挽袖（袖比手臂长的）、舒袖（袖不及手臂长的）两类。衣身长短肥瘦的流行变化，与男式马褂差不多。但女式马褂全身施纹彩，并用花边镶饰（图 7-21）。

▌左图：（图 7-20）醇亲王奕譞相片中的长袍马褂服饰形象

▌右图：（图 7-21）晚清相片中的"两把头"旗髻女子服饰形象

▌(图 7-22) 晚清相片中的
"大拉翅"旗髻、马褂女
子服饰形象

梳旗髻女子相片

旗髻指"两把头"、"大拉翅"等满族头髻。两把头的梳法是先将长发向后梳，分为两股，下垂到脖后，再将两股头发分别向上折，折叠时一边加黏液，一边复压使之扁平，微向上翻，余发上折，合为一服，反复至前顶，随用头绳（红丝线或棉线绳）绕发根一圈扎结固定，其上插扁方，余发绕扁方上，使扁方与发根之柱状合成 T 字形。前戴大花卉及珠结，侧面垂流苏（图 7-21）。

后来，旗髻逐渐增高，两边角也不断扩大，上面套戴一顶形似"扇形"的冠，一般用青素缎、青绒做成，称为"旗头"或"官装"，俗称"大拉翅"（图 7-22）。

穿马甲女子相片

清朝男式马甲有一字襟、琵琶襟、对襟、大襟和多纽式等几种款式。除多纽式无领外，其余都有立领。多纽式的马甲在前身腰部有一排横列的纽扣，穿脱很方便。马甲四周和襟领处都镶异色边缘。

女式马甲的式样有一字襟、琵琶襟、对襟、大捻襟、人字襟等数种，多穿在外面（图7-23）。工艺有织花、缂丝、刺绣等。花纹有满身洒花、折枝花、整枝花、独棵花、皮球花、百蝶、仙鹤等等，内容都寓有吉祥含意。

清中后期，在马甲上施加如意头、多层滚边，除刺绣花边之外，加多层绦子花边、捻金绸缎镶边，有的更在下摆加流苏串珠等装饰。

·其他类型的服饰图像

明代陶俑中的比甲

明代陶俑以彩釉陶俑为主，其内容多表现死者生前显赫的地位。如河北阜城廖纪墓出土的陶俑，表现的是墓主人生前出行的壮观场面，人俑达百余件，有仪仗俑、侍从俑、牵马俑、扶轿俑等。

在众多的侍从彩陶俑中，我们都可以看见襦裙和比甲相配的服饰形象（图7-24）。比甲一般穿在大袖衫，袄子之外，下面穿裙，所以比甲与衫、袄、裙的色彩搭配能显出层次感来。到了蒙元后期，北方的汉人女子尤其爱。自从元代有了纽扣之后，比甲上也有用纽扣的，这样穿起来更方便、快捷、系结严紧，是服饰的新变化。明代比甲一般都有五枚金属扣，多为贵族穿着。而这些陶俑所着之比甲皆为三枚口。

▌(图 7-23) 晚清相片中的穿各
式马甲的清朝女子服饰形象

宝宁寺水陆画

水陆画是佛教寺院举行"水陆法会"时供奉的宗教人物画，起源于三国时期，在中国具有悠久的历史，是"三教合一"大背景下产生与发展的汉族民俗文化现象。其中自然也会出现十分世俗的生活场景，如在宝宁寺水陆画中就有一个贵妇及其侍从的形象尤其值得玩味（图7-25）。

这贵妇头梳云髻，簪金凤钗，敞开了对襟的短襦，露出抹胸，上缀有三四颗纽扣，下着宽大裙裳，裙长及地，腰系丝带，侧悬鱼袋香囊，手腕带着"金条脱"。在明中后期小说《金瓶梅》中就有对这样服饰的描绘。如《金瓶梅》中西门庆第一次见到潘金莲时，就被她半露的"酥胸"所吸引："但见……玲珑坠儿最堪夸，露来酥玉胸无价……通花汗巾儿袖口儿边搭剌，香袋儿身边低挂。抹胸儿重重纽扣香喉下。"由此可见，这种风情万种的形象，是明代女性服饰中的常见样式。

（图7-24）明代彩陶俑中所见的纽扣比甲服饰形象

▌(图 7-25) 宝宁寺水陆画中的
贵妇服饰形象

宝宁寺水陆画

明代初期的版画继承宋元遗风，宫廷内府组织的大型版画镌刻，都比较精工细致，水平超过一般的刻印。明代中期以后，版画印刷出现了异彩纷呈的高潮，主要的标志是：作为书籍的插图广泛地应用在各类图书之中，以图画为主的图谱已大量出现。到了清代，顺、康时期的版画承袭明朝遗风，多有精品佳作。但是入清之后，总的趋势是没有新的发展进步，且逐渐步入衰落。

在明代《牡丹亭》刻本的版画中，多处可见头戴类似唐时幞头的男子形象，这种帽式在明代称之为"唐巾"（图7-25）。

"……尝见唐人画像，帝王多冠此，则固非士大夫服也，今率为士人服矣。"——《三才图会》

唐巾又叫软翅纱巾，是明代男子便服所用的头巾，模仿唐代幞头制作。宋画中常见戴唐式幞头的文人形象，因其样式俊雅飘逸，故受到后代士人儒生的喜爱。唐巾通常以漆纱制作，后垂软脚，左右缀巾环一对，多为玉质。

/ 结　语 /

明清时代是与近代衔接最紧密的朝代，相应的服饰图像资料相当丰富，本章节只是撷取其中的一小部分加以分析与展示，目的即在于通过图像的片段来传递明清时期服饰文化中的时代特征和审美情趣。

明代绘画总体呈现出拟古的风貌，人物画从题材到内容、从形式到笔法皆追求一种传统绘画艺术的母题的再现，以及对高古文人品格的复兴。在元代所开创和奠定的基础之上，文人画进一步发展，走出了一条只求笔墨意境，脱离描摹形似的新面貌。而另一路，在受西洋画法影响下的明代中后期，肖像画也取得了长足的进步，正面构图开始出现，立体画法得以盛行，为清代的人物画风格开创了一派写实手法的新篇章。

与绘画艺术相一致的是，明朝政府为了彻底改变蒙元留下的非汉族主导的社会文化局面，采取了上承周汉、下取唐宋的治国方针，对整顿和恢复礼仪极其重视，并根据汉族传统重新规定了服饰制度。在政治、经济、文化技术发展的前提之下，明代的服饰面貌仪态端庄，气度宏美，融合前朝诸代留存下来的汉服传统，也包括了部分为汉服所吸收的各少数民族服饰样式，将之汇聚一体，铸造成为中国近世纪汉服艺术的典范，这也是中国古代历史上最后一次汉服文明的高峰。

到了清朝，由于少数民族所特有的浓重艳丽的审美倾向，绘画的风格也由此更倾向于更为具象和繁复的面貌，加之西洋画法的融入，尤其在人物画中，所表现出来的精工细作的写

▌(图7-27) 明代《牡丹亭》刻本的版画中的唐巾男子服饰形象

实面貌超越前代，达到了一个新的高峰。

同样也是由于清朝统治者长期处于游牧生活和征战状态，所以紧身、简洁、便于骑射是其服饰文化的主要特征，这与汉族传统的服饰文化差异较大。清朝统治者一直对自己的民族服饰有着独特的理解，他们不仅认为民族服饰是祖先的传统，而且认为这是他们屡战不败的重要因素，所以对民族服饰的继承和发展极其重视。他们一方面采取"削发易服"的极端服制政策，一方面又崇敬和学习汉族文化，从而造就了清朝服饰成为中国历代服饰中最为庞杂和繁缛的顶峰。虽然在清王朝的服饰系统中，汉服还是在局部得以保留，如汉族妇女的服饰，但显然已处于从属的地位，或仅出现于行乐和宴庆的场合。而且，随着时代的推移，清末的女服也逐渐被马褂、旗袍、长裤、花盆底鞋等所替代。这不能不说是对汉服传统的最终破坏，也对近世纪的中国服饰影响尤为深远。

总之，明清服饰在中国服装史地位中，展现的就是汉服传统的复兴与消亡的完整过程。前者力求集历代汉服文化于一身，承前朝汉服仪制之大统，将之发扬光大，而后者则旨在以满人的髡发、旗袍、马褂等服饰标志，来改变所征服民族的文化本性，从服制的角度加强其政权的稳固。这一方面说明了服饰文化对于一个封建国家统治的重要性，而另一方面也注定了汉服传统的式微与消融，数千年铸就的礼仪之邦的服饰文明，自此分崩离析。

图像作为承载中华文明的重要介质之一，最早始于岩石上的雕凿涂画，至于近代摄影术的成像胶片，浩浩荡荡，数以万亿，它们或幸免留存于世，或早已湮灭在这上万年的华夏造物之间。

后 记

中国古代的图像，从其之于服饰研究的价值考量，自先秦开始便已呈现出丰富多样的形式来，从岩画、壁画、帛画，到彩陶、玉雕、石雕，再到陶俑、木俑、青铜器，凡此等等，皆若隐若现地向今人昭示着华夏先民们在服饰面貌上形制的多姿多彩。

自最早原始贯头衣的通行为滥觞，到夏代上衣下裳、冕服制度的确立，标志着服饰作为统治阶层极其重要的专政手段，被上升到了"治天下"高度。再经殷商灭国之训，周礼进一步巩固了服制对于社稷的重要性，由此开启了我国礼仪之邦的序幕，也奠定了中原服饰约发、束笄、戴冠、交领、右衽、腰带、蔽膝、玉佩、着舄等主要特征。并还由服饰的色彩、纹样及制式上固定下来大量具有象征意义的视觉符号。

春秋战国的群雄逐鹿，也在服饰上到了充分的映射。不同地域的诸侯王国，在服饰上就呈现出极大的差异，如中原楚国的曲裾长袍、中山狄国的紧窄襦裙、赵武灵王的胡服骑射等等，都能从图像中得以管窥。另一方面，由于儒家所宣扬的上古礼制逐渐成为主流，"广衣博带"成为统治阶级养尊处优的尊贵象征，上层社会逐渐与小袖短衣、便于劳作的服制隔离疏远，而左衽、裆裤、短靴、带钩等，则一并成为游牧民族的特有式样了。

秦汉时期在恢复周王朝礼仪舆服的基础上，包容并蓄了前朝各国的服制，并缔造出我国第一个统一的、多民族的、中央集权的封建王朝的服饰面貌。四方交融，雍容为大，成为这个时代的审美标准，既雄浑大气，又丰富多彩，既雍容华贵，又生动飘逸，汇聚成源远流长的中华服饰文明血脉之正宗。

天下大势，分久必合，合久必分。从历史角度看，在安定了三百余年以后，中原大地又一次陷入分崩离析的三国两晋南北朝。而从图像的角度而言，一种成为此后中国绘画主流形式，东方艺术代表的画种——卷轴画，悄然出现，逐渐开始承载起"成教化、助人伦"的主要负荷。虽然在当时，壁画、画像石和画像砖仍然占据着不可替代的作用，但是《女史箴图》卷的存世早已确立了卷轴画在中国古代图像介质中得天独厚的先进性和优越性，自此以图载史的中心逐渐转移向了卷轴画。

与错综复杂的政治局面相应的是，汉服广衣博带的深衣制传统，虽然得以在十六国朝廷与士族阶层延续和保留，但却受到了五胡服饰的极大挑战。一方面，原有制式发生了较大尺度的改变，甚至彻底消亡；另一方面，新的服制在少数族裔服饰的融合下逐渐形成。魏晋南北朝三百余年的服饰演进过程，是上承两汉，下启隋唐的重要过渡时期，是服饰多样化的又一个历史高峰，甚至许多服饰形制直接为后世所沿用。

隋唐王朝的统一中原，又再一次从意识形态上巩固了汉服传统在诸民族服饰中的主导地位，并随着多元的民族、宗教、文化和思想的全面融汇，隋唐阶段服饰的审美倾向，呈现出由隋代与初唐的雄放气度，逐步演化出了绚丽旖旎的盛唐气象，又转入中晚唐的雍容华贵，从而造就了后世服饰文化所无法企及的大唐盛况。这些气象也正是由这一时期的卷轴、壁画、和陶俑等图像中透漏出来，供后世仰止。

而在另一方面，无论是唐代的男装，或者女装，均呈现出汉服传统与少数民族服饰两大体系相互交融并存的面貌，而在这漫长的三百余年相对稳定的发展中，以汉服为主，互有渗透的局面已成为华服的一大特征。并且对周边国家的影响也逐渐呈现，最典型的代表就是日本的传统民族服饰，一直延续至今，未有改易。

中国服饰史对于唐代服饰的辉煌与繁华、宋代服饰的礼学与严谨多有论述，然而对在两朝更替的夹缝中存在了五十余年的五代十国，却很少提及。毫无疑问，从唐代到宋代，服饰的面貌经历了巨大的转变，而五代十国时期就是其中关键的转折点。这从现存极少的服饰图像中可以得到些许印证，如男子幞头变得硬挺，从审美上来说也趋于规整与理性。

在程朱理学逐步居于统治地位政治和主导思想的支配下，两宋的美学观念也随之相应发生变化，服饰开始崇尚俭朴，重视沿袭汉服传统，朴素和理性成为宋朝服饰的主要特征。这种变化，还带来了中国社会精神的全面转向，以及中国社会的文人化倾向。整个社会的人生态度渐趋平和、理智、稳健和淡泊，更善于将安邦治国、追求政治参与的热情与追求内心的自由宁静和谐统一起来，更易于沉浸于日常生活的闲适、安逸，这一时期无疑是中国此后士大夫阶层文化人格的成型期。同时我们也能从图像中看见，宋代丰富多彩的市井生活，不仅影响到了院画的题材，还已深入服饰文化的方方面面，以使两宋之服饰面貌呈现出多样性和世俗性的风貌。

在与两宋都皆有并存的辽、金、元时期，少数民族因宋的"偃武修文"而势力日隆，一方面与中原为敌，挑起战火，另一方面又不断吸收汉民族的文化艺术，创造了中国少数民族政权在绘画方面的较高水平。最终，中国历史上第一次少数民族由兴盛到吞并中原，而绘画艺术与服饰文化上的交融，以至少数族裔占主导地位的结果，急剧影响了奉汉服为经典的中华服饰传统，并逐步摧毁了原有的以汉服为中心的系统，达成了中原政权模式与蒙古旧制的混合体系。

百余年后，明朝统治者为了彻底改变蒙元留下的非汉族主导的社会文化局面，采取了上承周汉、下取唐宋的治国方针，在政治、经济、文化技术发展的前提之下，明代的服饰面貌融合前朝诸代留存下来的汉服传统，也包括了部分为汉服所吸收的各少数民族服饰样式，将之汇聚一体，铸造起中国古代历史上最后一次汉服文明的高峰。此时，文人画已成为画界主流，而明末意大利传教士来中国的宗教之旅，输入了"西学"，也带来了西方的宗教绘画。

随着满清的入关南下，清朝统治者采取了完全不同于蒙元的服制政策，对旗人民族服饰的继承和发展极其重视，并且造就了清朝服饰成为中国历代服饰中最为庞杂和繁缛的顶峰。在以满人的髡发、旗袍、马褂等服饰标志的变革下，清王朝无疑从服制的角度加强了其政权的稳固。这一方面说明了服饰文化对于一个封建国家统治的重要性，而另一方面也注定了汉服传统的式微与消融，数千年铸就的礼仪之邦的服饰文明，自此分崩离析。这一历史面貌，则为清末由摄影术发明而创造的相片所清晰地记录下来，历历在目。

辛亥革命以后，中国进入了近代的半封建半殖民社会，在西洋与东洋服饰文化的影响之下，这个古老中国的服制已朝着国际化的方向不可逆转地滚滚向前，只是那曾经极其恢宏壮美的汉服传统在当今的中国还能寻觅多少踪迹？中国的民族服饰代表又应该是何面貌呢？这是一个需要我们现今从事古代服饰文化整理、研究和复兴的工作者亟待认真面对的问题，对于汉服传统的复兴也理应是"中华民族的伟大复兴"题中应有之义。

图像无声，却又默默地忠实记录下这片古老土地上曾经如此辉煌的服饰文明，无以言表，谨以此图史为纲，试为目张。

图书在版编目（CIP）数据

中国古代服饰图史 / 胡越著 . -- 上海 ：上海人民美术出版社，2020.5

ISBN 978-7-5586-1621-1

Ⅰ．①中… Ⅱ．①胡… Ⅲ．①服饰－中国－古代－图集 Ⅳ．① TS941.742.2-64

中国版本图书馆 CIP 数据核字 (2020) 第 029348 号

中国古代服饰图史

著　　者	胡　越	
绘　　图	胡震国　王守中	
策　　划	沈丹青	
责任编辑	沈丹青	
技术编辑	史　湧	
校　　对	张　翠	
封面设计	陶　雷	
版式设计	李剑萍	
排　　版	朱庆荧	
出版发行	**上海人民美術出版社**	
社　　址	上海长乐路 672 弄 33 号	
印　　刷	上海颛辉印刷厂	
开　　本	889×1194　1/32	
印　　张	8.5	
版　　次	2020 年 5 月第 1 版	
印　　次	2020 年 5 月第 1 次	
书　　号	ISBN 978-7-5586-1621-1	
定　　价	98.00 元	